郑军 ◎主编

去外星球度个假

QU WAIXINGQIU DUGEJIA

于向昀 ◎编著

山西出版传媒集团　山西教育出版社

图书在版编目（CIP）数据

去外星球度个假/于向昀编著. —太原：山西教育出版社，
2015.4（2022.6重印）
（科学充电站/郑军主编）
ISBN 978-7-5440-7554-1

Ⅰ. ①去… Ⅱ. ①于… Ⅲ. ①天文学-青少年读物
Ⅳ. ①P1-49

中国版本图书馆 CIP 数据核字（2014）第 309893 号

去外星球度个假

责任编辑	彭琼梅
复　　审	李梦燕
终　　审	李少霖
装帧设计	陈　晓
印装监制	蔡　洁

出版发行	山西出版传媒集团·山西教育出版社
	（太原市水西门街馒头巷 7 号　电话：0351-4729801　邮编：030002）
印　　装	北京一鑫印务有限责任公司
开　　本	890×1240　1/32
印　　张	6.5
字　　数	181 千字
版　　次	2015 年 4 月第 1 版　2022 年 6 月第 3 次印刷
印　　数	6 001—9 000 册
书　　号	ISBN 978-7-5440-7554-1
定　　价	39.00 元

如发现印装质量问题，影响阅读，请与印刷厂联系调换。电话：010-61424266

目 录.

三

缤纷太阳系　　　/40

四

璀璨银河　　　　/76

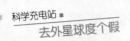

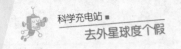
一　从地球望太空

1 天上的图案

　　古人从很早就开始观察星空。为了方便研究及观测天上诸多恒星，人们把星空分为若干个区域，大小不一，每一个区域就是一个星座。用线条把该区域内的亮星连接起来，就可以形成各种图案。天上的这些图案，根据其形状，分别以近似的动物、器物或人物来命名。

　　人类肉眼可见的恒星有近6 000颗，每颗均可归入唯一一个星座，每一个星座可以由其中亮星构成的形状辨认出来，或者，也可以由其中的亮星的特殊分布来辨认。

　　虽然面对的是同一片星空，但是由于古人居住的地域不同，并由此发展出不同的文明，所以，不同的文明对于其划分和命名都不尽相同。

　　西方星座起源于四大文明古国之一的古巴比伦。据考证，在大约5 000年以前，包括黄道12星座等在内的20余个星座，就已在美索不达米亚平原诞生。此后，古代巴比伦人继续将天空分为许多区域，标出新的星座。在公元前1000年前后，已有30个星座产生。古希腊天文学家对巴比伦的星座进行了补充和发展，编制出了古希腊星座表。公元2世纪，古希腊天文学家托勒密综合了当时的天文成就，编制了48个星座，并用假想的线条将星座内的主要亮星连起来，把它们想象成动物或人物的形象，结合神话故事给它们起了适当的名字，这就是目前广为流传的星座名称的由来。

　　古代中国则以星官来划分天空。中国古人将星空划分为三垣和二十八宿，三垣是北天极周围的3个区域，二十八宿是在黄道和白道附近的28个区域，每一个区域叫作一个星宿。三垣与二十八宿又与方位相对应，三垣位属中宫，居于北方中央的位置，为紫微垣、太微垣和天市垣，其中紫微垣处于天极附近；二十八宿又分为东西南北四官，和四象相搭配，为东方苍龙，包括角、亢、氐、房、心、尾、箕七宿；南方朱雀，包括井、鬼、柳、星、张、翼、轸七宿；西方白虎，包含的星宿有奎、娄、胃、昴、毕、觜、参；北方玄武，包含的星宿有壁、室、危、虚、女、牛和斗。

最早记载星官的著作是司马迁的《史记·天官书》，其中录有91个星官共500多颗恒星，隋朝的《步天歌》中记载的星官已达283个。学术界对二十八宿的起源时间和地点有着诸多的分歧。传统理论通常认为，中国二十八宿体系的创立年代最早只能上溯到公元前8世纪至公元前6世纪，但根据二十八宿的运转和岁差推算，早在公元前3000年之前，二十八宿的划分就已经完成。

1928年，国际天文学联合会公布了全天88个星座的方案，并规定星座的分界线大致用平行天赤道和垂直天赤道的弧线。分布在天赤道以北的有29个星座，横跨天赤道的有13个星座，分布在天赤道以南的有46个星座。

星座群像图 ▷

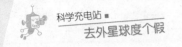

2 四季的星空

由于古代文明之间相对隔绝，因而，在不同文化里，星星组成的图案被赋予了不同的形象。1928年国际天文学联合会正式公布国际通用的88个星座方案，同时规定以1875年的春分点和赤道为基准。现代常使用的88星座里包含14个人类形象、9种鸟类、2种昆虫、19种陆地动物、10种水生生物、2个半人马怪物以及29种非生物，头发、巨蛇、龙、飞马、河流各一（有些星座不止一个形象）。根据88个星座在天球上的不同位置和恒星出没的情况，又划成五大区域，即北天拱极星座5个、北天星座19个、天球上黄道附近的星座12个、赤道带星座10个、南天星座42个。

现在国际通用的星座是以公元2世纪托勒密的《天文学大成》所载的48星座为基础的，尽管黄道附近的星座目前定为12个，但事实上，黄道上有13星座，除了我们熟知的白羊座、金牛座、双子座、巨蟹座、狮子座、室女座、天秤座、天蝎座、人马座、摩羯座、宝瓶座及双鱼座外，还有蛇夫座。

星空并不是静止不动的，由于地球公转的同时也在自转，就形成了星空的季节性变化。不同的季节，在夜晚同一时刻观察，天空上出现的星座是不同的。恒星每天提前4分钟出没及升至中天，按这个时间推算，春季黄昏时的星空就是秋季黎明时的星空，冬季黎明时的星空就是夏季黄昏时的星空，也是秋季午夜时的星空。

在地球上观测，星座可以作为季节的标识；同时，这些星座也可以告诉你，如今你正在哪个地点进行观测。

在北半球，按照季节不同，常见的星座如下：

春季：狮子座、室女座、牧夫座、猎犬座、乌鸦座、巨爵座、长蛇座、天秤座。

夏季：天蝎座、人马座、武仙座、天琴座、天鹰座、蛇夫座、巨蛇座、摩羯座。

秋季：飞马座、仙女座、英仙座、鲸鱼座、宝瓶座、南鱼座、双鱼座、白羊座、天鹅座。

冬季：金牛座、双子座、猎户座、大犬座、小犬座、波江座、御夫座、巨蟹座。

全年可见：大熊座、小熊座、天龙座、仙王座、仙后座、鹿豹座。

△ 88星座图

此外，南天的42个星座名称分别为：天坛座、绘架座、苍蝇座、山案座、印第安座、天燕座、飞鱼座、矩尺座、剑鱼座、时钟座、杜鹃座、南三角座、圆规座、蝘蜓座、望远镜座、水蛇座、南十字座、凤凰座、孔雀座、南极座、网罟座、天鹤座、南冕座、豺狼座、大犬座、天鸽座、乌鸦座、南鱼座、天兔座、船底座、船尾座、罗盘座、船帆座、玉夫座、半人马座、波江座、盾牌座、天炉座、唧筒座、雕具座、显微镜座、巨爵座。这些星座在我们所居住的北半球通常是看不到的，不过在几百年前的大航海时代，它们曾大显身手，帮助航海者确定方向。

星座几乎是所有文明中确定天空方位的手段，恒星或星座的起落在古代常常用于导航和时间的确定。虽然星座的重要性在现代已经相对降低，但是对于夜空爱好者来说，星座并没有失去它的魅力。

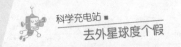
3 黄道动物带

地球一年绕太阳转一周，而我们在地球上看，感觉像是太阳一年在天空中移动365或366圈，太阳这样移动的路线叫作"黄道"。也就是说，所谓"黄道"，就是地球上的人看太阳于一年内在恒星之间所走的视路径，即地球的公转轨道平面和天球相交的大圆。

地球的公转轨道所在的平面叫作"黄道面"。由于地球的公转运动受到其他行星和月球等天体的引力作用，黄道面在空间的位置产生不规则的连续变化。但在变化过程中，瞬时轨道平面总是通过太阳中心。

黄道星座沿黄道排列，黄道与天赤道有23° 26′的交角，称为"黄赤交角"；黄道与天赤道的两个交点是春分点和秋分点。

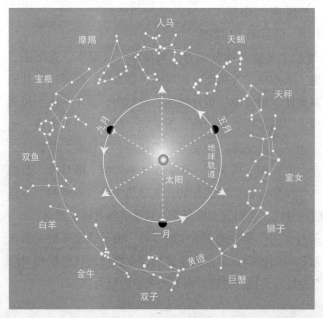

◁ 黄道十二宫

　　黄道是地球公转轨道面在天球上的投影。在地球上观看，太阳每年沿着黄道转一圈，在星座间穿行。为了方便确定太阳的位置，古人们把黄道划分成了十二等份，每份相当于30°，用邻近的星座命名，这相当于把一年划分成了十二段，在每段时间里太阳进入一个星座。这些星座就称为黄道星座。

　　最早有关黄道的历史纪录出现在巴比伦文化当中。古巴比伦人利用太阳在黄道上的运行位置辨识日期，黄道上十二星座最早的功用就如同今天月历上的十二个月，当时春分点处于白羊座内，而春分点被视作一年的开始，当太阳运行到天秤座的那天，是昼夜平分的时候。

　　大约在公元前5世纪，古巴比伦的天文学家首先使用了"黄道带"这一概念。黄道是太阳在天球上运动的轨迹，黄道两侧各8°的区域就是黄道带。它又被叫作"黄道上的动物带"，这是因为位于黄道上的13个星座，除了蛇夫座之外都是动物。通常用来确定太阳方位的黄道星座有12个，即白羊座、金牛座、双子座、巨蟹座、狮子座、室女座、天秤座、天蝎座、人马座、摩羯座、宝瓶座和双鱼座，它们也常被称作"黄道十二宫"。"黄道带"这个词语英文写作zodiac，源自希腊语zodiakos，意思是动物园。黄道宽16°，环绕地球一周为360°，黄道面包括了太阳系内所有大行星运转的轨道。

　　地球不但有自转，还有绕日公转。公转的一周，称为一个恒星年。其判断标准为某个固定时刻某颗恒星在某个固定位置，经过太阳在恒星间运行一周以后，又回到这个位置的时间间隔。太阳在黄道上运行，从春分点回到春分点运行一周所需的时间称为一个回归年。回归年比恒星年短20分钟，这是由于地球运动时受到太阳、月亮等天体吸引，使地轴发生周期性进动所致，这种现象称为"岁差"。在古巴比伦时代，3月21日的春分点正好是太阳跨入白羊座的时候。如今，因为岁差的关系，黄道上的春分点已经移到了双鱼座。

4
天帝的宫廷与疆土

　　古代中国对于星空的划分，有一套属于自己的独特体系，所有星座的命名，都是由皇家政府机构和官员组成的，所以，中国的星座称为"星官"，意思是天帝的官员。

　　中国古人眼中的星空，就是天堂。这个天堂都是由星星组成的，它们合称"三垣"。垣就是围墙的意思，被三段围墙圈起来的三块地方，分别称作紫微垣、太微垣和天市垣。三垣都集中在北极附近，我国古代将其定为"中官"。三垣内唯一的统治者是天帝。这个天帝，外国人叫他"上帝"，我们中国人则叫他"高天上圣大慈仁者玉皇大天尊玄穹高上帝"，简称"玉皇大帝"。

　　三垣都属于天帝的地盘，其中紫微垣是天帝的寝宫，可以算天帝的私人豪宅；太微垣是天帝的皇宫，也就是天帝的办公室，全国中级以上的官员都集中在这里，全国的大小事务也都要在这里处理；天市垣是由政府设立的综合贸易市场，它是全国性的大型市场，可容纳不同行业的人或不同地区的人在这里做买卖。

　　紫微垣是天帝的家。你可以从下面这张紫微垣星图中看到天帝家里的陈设，有座位，有厨房，有床，但最多的是人。这些人包括正丞相（上宰）、副丞相（少宰）、少廷尉（少尉）、正侍卫（上卫）、副侍卫（少卫）等，总之都是古代的官僚。

　　紫微垣以北极为中心，包括北纬50°以北范围内的天区。它之所以叫紫微垣，是因为北极星处于这块天区内，而北极星在古代就叫作"紫微"。图中围绕着"天皇大帝"的六颗星名为"勾陈"，其形状像个勺子，勺柄上的那颗星叫勾陈一，国际通用名为小熊座α，这就是我们现在的北极星。

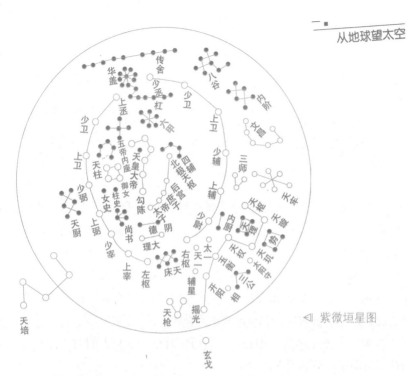

但早在紫微垣被命名的时代，"紫微"指的并不是现在我们所说的北极星。由于岁差、天体运行等诸多原因，北极星是每隔一段时间就更换一次的。图中的左枢、右枢、帝星等星星，都做过北极星。

天上也有用以维护天帝皇权的军队，是五种兵车，行驶在星星构成的阁道和辇道上，它们配备了不同的兵种，由将领统率着，随时准备开赴南方、北方和西北方的三大战场。

银河是天上的河流，以天皇大帝为首的政府在银河沿岸架起6道关梁，一方面便于监察关防，另一方面也便于管理交通。银河的南段隐没在天渊等大片水域中，在河道与水域中间，有农丈人等种植的大片农田，水域中生长着鱼、鳖等水产动物。

三垣之外，还有东西南北四官，就是我们经常说到的"四象"，这四象又可分为二十八宿，它们都是天皇大帝所统治的四方臣民。二十八宿以南的区域，称为"外官"。无论是三垣内的一切，还是二十八宿和外官，都处于天皇大帝的统治之下。以皇权统治机构来划分星空，并为星座命名，这是中国古代星空划分的最大特点。

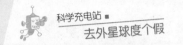

5
四象与仙境居民

我们国家对天文的研究和记录开始很早，有自己的独立体系。我们的"星宿"相当于外国的"星座"，但是对星空的划分有所不同，许多星体的名称和现在国际通用的也都不一样。全天分为三垣和二十八宿，每7个星宿组成一个星官，这4大星官也经常被称作"四象"，即我们所熟悉的苍龙、白虎、朱雀和玄武。每一个星官都被对应着一种动物，只有"玄武"这一星官例外，它是龟和蛇的合体。

"四象"的产生经历了很长的一段历史时期，这与人们对天体及方位的认识有密不可分的关系。

我们的祖先认识的第一个天体是太阳。太阳不仅是人们崇拜的对象，也是制订历法的标准和依据。从对昼夜的认知而生发出了阴阳的概念，那时候中国的一年分为两季，即耕耘播种的春季与休养生息的秋季，人们对于方位的认识也是二维化的，即东与南为同一方位，西与北为同一方位。后世的历史之所以叫作"春秋"，也是由此而来的。

随着华夏联盟民族的增加，为了更精确地区分季节，天文学由"两仪"发展成"四象"，方位由最初的东和西衍变为东、西、南、北，天上的群星被划归为4大星官，这4大星官对应着华夏地区的4个主要民族，即东夷、西羌、南蛮和北狄，显示着这四大民族在天上所占据的方位。

不过，四象中的方位与季节并没有对应关系，也就是说，太阳的季节方位，和四象中的东西南北无关。事实上，四象名称中的方位，是由上古时期冬至黎明时黄道带星座所处的天球方位所决定的。在这一时刻，太阳位于玄武星官的牛宿内，处于东方地平线下，苍龙星官正位于东方，朱雀位于南方，白虎星官在西方，而玄武隐没于北方。

四象由二十八宿组成，每个星官包含7个星宿，分别为：

东方苍龙：包括角、亢、氐、房、心、尾、箕七宿；
南方朱雀：包括井、鬼、柳、星、张、翼、轸七宿；
西方白虎：包含奎、娄、胃、昴、毕、觜、参七宿；
北方玄武：包含壁、室、危、虚、女、牛、斗七宿。

二十八宿的名称是在《汉志》中才记载完备的，但是这种天区的划分方式至迟在春秋时期便已经完成。二十八宿的划分是以赤道为依据的，同时，它们又都处在白道上。

二十八宿中的绝大部分，都是以我们祖先的名字或所建的方国命名的。例如说，南方朱雀里的第一宿井宿，虽然乍看上去确实像口井，但它的名字并不是源自其形状，而是源自很早以前的井国。井国的国君，最有名的一位就是助武王伐纣的姜太公，而井国就建在姜尚当年垂钓之处。井国民众都是伯益的后人，伯益是公认的凿井技术的发明者，所以他的后代，有一些人就以"井"为氏。

详细考究起来，二十八宿的命名，几乎都与我国上古时代的历史及传说相关。所以，宽泛地说，这二十八星宿不仅是玉皇大帝统治下的仙境居民，也是我们的祖先。星宿的名称中包含着中国上古时期的民族融合、迁移的历史，同时也表达了我国祖先对星空的认知——星空，是我们的发源地，也是我们永远的归宿。

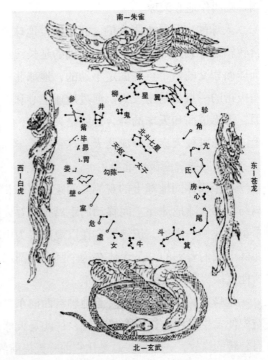

四象二十八星宿略图

11

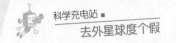
6
天球系统

　　天上的星星离我们有远有近，在我们看起来，好像镶嵌在夜幕上一样。为了天文学研究方便，我们把头顶上这个看似圆形的夜幕假想为一个球体，称为"天球"。天球是一个想象出来的旋转的球，理论上具有无限大的半径，与地球同心。不过，由于在进行研究时遇到的情况各有不同，所选取的天球中心也不尽相同，有日心天球、地心天球等。严格地讲，不同的观测者就有不同的天球中心。在地面上观测时，观测者的眼睛就是天球中心，这样建立起来的天球叫作地面天球。如果从地心观测，则叫作地心天球。

　　天球的半径是无限大的，我们假设地球处在天球的中央。把地球的自转轴延伸到天球上的位置，地轴的延长线就是天球的旋转轴。天轴与天球面相交的两个点是固定不动的，地球北极指的一点是北天极，地球南极指的一点就是南天极。通过地球中心和天轴垂直的平面叫作天赤道面，天赤道面和天球的会合处就是天赤道，它与地球赤道处在同一平面上。天球可被天赤道分成北天半球和南天半球两部分。对应着有北回归线、南回归线、南极、北极。

　　各个天体同地球上的观测者的距离都不相同。天体和观测者间的距离与观测者随地球在空间移动的距离相比要大得多，所以看上去天体似乎都离我们一样远，仿佛散布在以观测者为中心的一个圆球的球面上。实际上我们看到的，是天体在这个巨大的圆球的球面上的投影，观测者所能直接辨别的只是天体的方向。

　　地球大约每24小时围绕着地轴自西向东自转一周，天上的群星在夜空中便发生自西向东方向的旋转，这就是天球的周日视运动。因为地球有公转的缘故，一颗恒星总是比它前一天提前约4分钟升起。

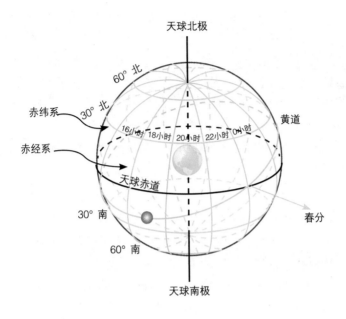

△ 天球

太阳在天球上每天移动约1°，一年则移动一周，这被称为太阳周年视运动。太阳中心在天球上视运动的轨迹则是黄道。

地球的赤道面和黄道面是不重合的，二者间有23°左右的夹角，天文学称之为"黄赤交角"；天赤道和黄道有两个交点，这两个交点在天球上是固定不变的。黄道自西向东从赤道以南穿到赤道以北的那个交点，在天文学中被称为"春分点"，国际上规定通过这一点的经线为天球赤道坐标系经线的0°，即赤经0°。赤经不分东经、西经，它是从0°开始自西向东到360°。而且，它的单位事实上也不是度，而是时间的单位时、分、秒，范围是0~24时。天球赤道坐标系的纬度规定与地球纬度类似。只是不称作"南纬"和"北纬"，天球赤纬以北纬为正，以南为负。

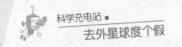
7
十二次与节气

晴朗的夜空中可以看到许多星星，这些人们可用肉眼看到的星星，除了太阳系内的五颗大行星、流星及彗星外，其他的都是恒星。

在《中国百科全书》中，恒星的定义是这样的：在宇宙中相对于某参照星位而言，位置相对不变的发光发热的由灼热气体组成的球状或类球状天体，就是恒星。与之相对，围绕某恒星沿着椭圆轨道进行周期性旋转的星体叫行星。

古代中国人把恒星称为"经星"，取其"终古不动"之意。二十八宿全部是由经星组成的。与之相对，当时发现的太阳系内的五颗大行星，即水、金、火、木、土五星，被称为"五纬"。

我们的祖先将天空看作一个球体，称为"天球"；由于观察者处于地球上，所以就把地球设定为天球的中心。为了更好地研究星空，祖先们像切西瓜一样，将天球划分为12个天区，称"十二次"，所划定的天区边界线从天球的赤道开始，垂直向南、北方向无限延伸，最终会聚于南、北两天极。这些边界线犹如地球仪上的经度线。

十二次的名称是依照星象而决定的，也是对四象的平均划分，东方苍龙之星次为寿星、大火、析木；南方朱雀之星次为鹑首、鹑火、鹑尾；西方白虎之星次为降娄、大梁、实沈；北方玄武之星次为星纪、玄枵、娵訾。这些拗口的名称也都是有来历的，例如"玄枵"，它来自黄帝的长子玄嚣的名字。

△ 十二次

在天球的赤道坐标系中，天体的位置根据规定用经纬度来表示，称作赤经、赤纬。二十八宿沿赤道自西向东排列，古人从每一个星宿中选出一颗星，称为"距星"，两颗距星之间的赤经差叫"距度"。由于恒星具有"定经"的作用，所以就被称作"经星"。而行星在星空中穿行，其运动轨迹就好像地球仪上的纬线，因此，我们的祖先就称它们为"纬星"。

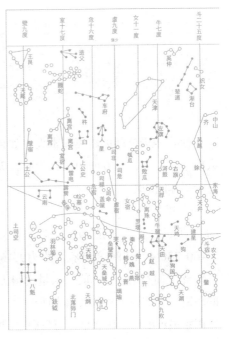

△ 恒星定经

古人以太阳所到达的"次"为节气的标准。二十四节气最初的作用是指导人们对农事进行规划和安排，而今节气的存在已经影响到了千家万户的日常生活，某些节气还具有文化方面的意义。

十二次又称"十二星次"，它是每个月太阳所行经的天区的名称，与一年的12个农历月有着一一对应的关系。其对应关系如下表，表格中的"十二月"，说的是农历月份：

十二次	星纪	玄枵	娵訾	降娄	大梁	实沈	鹑首	鹑火	鹑尾	寿星	大火	析木
十二月	11	12	1	2	3	4	5	6	7	8	9	10
四象	北方玄武			西方白虎			南方朱雀			东方苍龙		

如表所示，太阳经过玄武星宫，即北方七宿的时候，正是冬季；春天的时候，太阳在西方白虎星宫；停留在南方朱雀星宫的时候，北半球正是夏天；而秋天的时候，太阳在东方苍龙星宫。

观察天象，就可以知道方向的变迁，可以知道节气的转变，天文学的重要性，由此可见一斑。

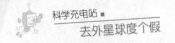

8
光年与星区

宇宙中天体间的距离非常大，如果以最常见的千米为单位计算，则数值过于巨大，不方便记录，为此，天文学家们以"光年"为单位，来计量天体间的距离。

光年指光在真空中行走一年的距离，是由时间和光速计算出来的。真空中的光速是299 792 458米/秒，因此，一光年的距离等于9 460 730 472 580 800米，约为9.46×10^{12}千米。

光年简写为ly，一般用来量度很大的距离，如太阳与另一恒星之间的距离。例如说，光从太阳表面出发，到达地球的时间为8分钟，而距离太阳系最近的恒星比邻星，与我们之间的距离是4.22光年，银河系的直径约为10万光年，是光行走10万年的距离。光年不是时间单位，而是长度单位。

使用光年来计量遥远恒星或星系与我们的距离，比用米或千米方便得多，但是，这一长度单位在太阳系内使用，就显得太"大"了。为此，科学家把地球到太阳的平均距离定义为"1天文单位"，约为1.496×10^{8}千米，等于1.58×10^{-5}光年。

天文单位的简写为AU。太阳与地球间的距离为1天文单位，与水星间的距离为0.4天文单位，与木星间的距离为5.2天文单位，与冥王星间的距离为39.5天文单位。最近，天文学家们重新精确测定了一个天文单位的精确数值，一个天文单位的定义值被确定为149 597 870 700米。

在天文学中，另一个常用的距离单位是秒差距，1秒差距=3.26光年，相当于206 265天文单位，等于30.856 8万亿千米。

　　秒差距缩写为pc，它是一种最古老的，也是最标准的测量恒星距离的方法，是建立在三角视差的基础上的。以地球公转轨道的平均半径为底边所对应的三角形内角称为视差，当这个角的大小为1角秒时，这个三角形的一条边的长度就称为1秒差距，这也是地球到这颗恒星的距离。秒差距主要用于量度太阳系外天体的距离。在测量遥远星系时，秒差距单位太小，常用千秒差距和百万秒差距为单位。

　　在量度宇宙空间时，通常采用"立方光年"这一单位。1立方光年 = 8.47×10^{47} 立方米。尽管宇宙在空间和体积上到底是有限的还是无限的，目前尚无一个定论，但有人做过这样的估算：假设宇宙是一个边长为300亿光年的立方体，那么整个宇宙的体积约为 2.7E+31立方光年，宇宙中所有物质占据着大约10亿立方光年的体积。

　　此外，虽然人类尚未移民到外星系，科幻小说家们已经为移民星系的居民们设置好了"势力范围"的划分方式，那就是"星区"，这也是一个立体化的概念，一个星区可能包含着数个星系，以及星系间的宇宙空间。

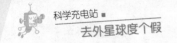
二 日月合璧

1 我们的世界

宇宙中有许多行星，孕育了我们的这颗被我们称作"地球"。它是太阳系八大行星之一，按离太阳由近及远的次序是第三颗，位于水星和金星的后面，所以在科幻小说里，我们经常能看到外星人称呼地球为"太阳系的第三颗行星"。

地球的年龄是46亿岁。它是一个三轴椭球体，像一个倒放的大鸭梨，其平均半径为6 371千米，赤道半径为6 378.14千米，极半径为6 356.76千米，赤道周长为40 075.13千米，体积为10 832亿立方千米，在八大行星中，按大小地球排第四。地球的表面积为5.11亿平方千米，其中陆地面积为1.49亿平方千米，占总表面积的29.2%，海洋面积为3.62亿平方千米，占总表面积的70.8%。

地球绕太阳旋转的轨道呈椭圆形，同时由西向东自转，其公转周期为365.242 2天，自转周期为23小时56分04秒。地球公转轨道所在平面叫"黄道平面"，自转轨道所在平面叫"赤道平面"，两个平面之间的交角，即黄赤交角，为23° 26'。

地球的结构是科学家们通过长期研究地震波、地磁波和火山爆发而获知的。一般认为地球内部有4个同心球层，由内及外分别为内核、外核、

△ 地球

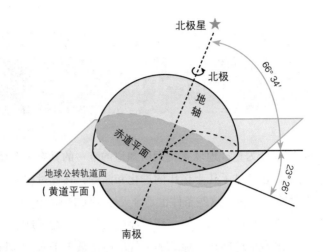

北极星 ★

北极

地轴

地

赤道平面

66°34′

23°26′

地球公转轨道面
（黄道平面）

南极

黄赤交角示意图

地幔和地壳。

地壳由多组断裂的、许多大小不等的块体组成，厚度很不平均，大陆地壳较厚，海洋地壳较薄。地壳上层为花岗岩层，主要由硅—铝氧化物构成；下层为玄武岩层，主要由硅—镁氧化物构成。目前所知地壳岩石的年龄绝大多数小于20亿年，即使是最古老的石头，也只有39亿年，这说明地球壳层的岩石并非地球的原始壳层，是后来由地球内部的物质通过火山和造山活动构成的。

地幔厚度约2 900千米，主要由致密的造岩物质构成，是地球的主体。地幔分为上地幔和下地幔。一般认为上地幔顶部存在一个软流层，推测是由于放射元素大量集中，蜕变放热，将岩石熔融后造成的，可能是岩浆的发源地。下地幔的温度、压力和密度都较上地幔大，物质是可塑性固态。

地核的平均厚度约有3 400千米，外核呈液态，可流动。内核是固态的，主要由铁、镍等金属元素组成。地球的大部分质量集中在地幔，剩下的大部分在地核。地球是太阳系中密度最大的星体。

地球的地壳由几个实体板块构成，各自在热地幔上漂浮。在板块分界处有许多断层，大洲板块间也有碰撞。目前地球主要有八大板块，这些板块交界处经常可能发生地震。

2 保护生命的N种武器

迄今为止，地球是我们所知道的唯一的具有生命体的行星。自诞生以来，它经过了几十亿年的进化和演变，在此过程中，积蓄了创造和衍生生命的条件。这些条件也是今天地球保护生命的武器。

在地球的外面，有一层厚厚的大气层，被地球的引力束缚在地球周围，随着地球旋转。地球的大气层厚达数千千米，据科学家估计，大气质量约6 000万亿吨，约占地球总质量的百万分之一，其成分主要为氮气78%、氧气21%、稀有气体0.94%、二氧化碳0.03%，此外还有水蒸气和尘埃等。氧是地球人类和动物的生存之源，植物对氧气的产生有着卓越的贡献，地球大气中氧的产生和维持由生物活动完成。

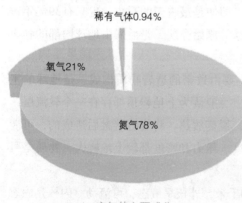

稀有气体0.94%

氧气21%

氮气78%

△ 空气的主要成分

根据各层大气的不同特点，大气层从地面往上依次分为对流层、平流层、中间层、电离层和磁层。

地球大气层靠近地面的一层是对流层。它蕴含了整个大气层约75%的质量，是大气层里最为稠密的一层，几乎所有的水蒸气及气溶胶都集中在此。其下界与地面相接，上界高度随地理纬度和季节而变化。

对流层中的气温随高度升高而降低，平均每上升100米，气温约降低0.65℃。由于受地表影响较大，气温、湿度等的水平分布不均匀，空气有规则的垂直运动和无规则的乱流混合都相当强烈，上下层水蒸气、尘埃、热量经常发生交换混合，因此云、雾、雨、雪等众多天气现象都发生在对流层。

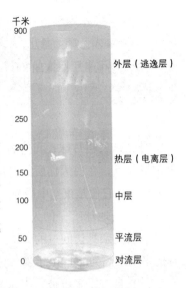

千米
900

外层（逃逸层）

250

200

热层（电离层）

150

100

中层

50

平流层

0

对流层

△ 地球大气层

对流层上面，直到高于海平面50千米这一层，气流主要表现为水平方向运动，称为平流层。这里基本上没有水气，晴朗无云，适合飞机航行。在20~30千米高处，氧分子在紫外线作用下，形成臭氧层，是一道保护地球生物免遭高能粒子袭击的屏障。臭氧层，是地球守护我们的武器之一。

平流层以外的大气因受太阳辐射，温度较高，气体分子或原子大量电离，形成电离层。电离层是部分电离的大气区域，完全电离的大气区域称磁层。也有人把整个电离的大气称为电离层，把磁层看作电离层的一部分。电离层能导电，反射无线电短波。电离层被用来反射和传送高频无线电信号，它的存在对我们的经济活动有很大影响。

地球的大气层有效阻止了紫外线及各种宇宙辐射，并且，许多流星体进入大气层后，会因为摩擦生热而燃烧掉，这也使得地球多次躲过了被撞击的厄运。大气层，是地球守护我们的又一件武器。

除了大气层之外，地球还有一件非常厉害的武器，就是地球磁场。地球的磁性，是地球内部的物理性质之一。科学家们认为，由于地核的体积极大，温度和压力又相对较高，使地层的导电率极高，使得电流如同存在于没有电阻的线圈中，能够在其中流动且永不消失，这使地球形成了一个磁场强度较稳定的南北磁极。

地磁场能够反射粒子流，它把我们的地球包围起来，使我们免受高速太阳风的辐射及外太空各种致命辐射的伤害，为我们提供了一个无形的屏障。

3
不可缺少的伴侣

月亮，又叫月球，我们的祖先称它为"太阴"，和太阳是相对的。正常情况下，在白天你所能看见的唯一一颗星就是太阳，而当夜间月亮升上天空，它便是夜空中最为醒目的天体。

月亮是地球唯一的天然卫星，是离地球最近的天体，也是至今唯一一个人类亲身访问过的天体。月球绕地球的公转轨道为椭圆形，与地球的平均距离为384 401千米。它的年龄和地球差不多，大约有46亿岁。

月亮自古以来就被看作地球不可或缺的伴侣。很早以前，人们就根据月亮的运行，制订了太阴历，我国的二十八宿，在划分时选取的参照物，就是月亮围绕地球公转的轨道，这个轨道被称为"白道"。

△ 地球与月亮

经过科学家计算，月球正在以每年4cm的速度远离地球，这个数据看似微小，但日积月累，终有一天月亮会远离地球，这会对地球产生极大影响。

现在我们的一天有24小时，这是因为地球每24小时自转一周。但是在30亿年前，地球上的一天只有14小时！现在地球的自转变慢了。这是因为月亮的存在使得地球自转多了一个阻力。月球对地球的引力引发了地球上的潮汐作用，当地球旋转时，海水涌到隆起部分，海洋中其他地方的水位变浅，海水和陆地之间因相对运动而产生了巨大的摩擦力。

这一摩擦现象类似于开汽车时的"刹车"，最终结果是地球的自转速度变慢了。如果不是月球从很早以前就给地球减速，那么地球上的空气流动会更快，风力也就会更猛，方向也会有所不同，我们的生活就没有现在这么方便了。

在太阳系的卫星之中，月亮是个"大块头"，它的强大引力起到了稳定地球自转的作用，并且也使地球在围绕着太阳公转时运行得更稳当，不至于摇摆或颠簸。地球始终围绕着一个假想的轴运转，这个轴

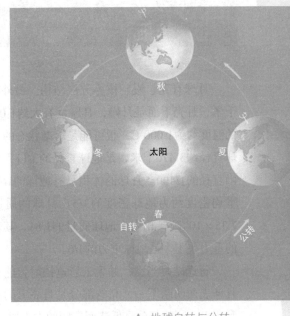

▲ 地球自转与公转

叫地球自转轴。如果失去了月球的搀扶，地球的自转轴的倾斜角度将会产生波动。地球的自转轴与地球绕太阳公转的轨道有一个23° 26′的夹角，这是地球上产生昼夜长短和四季交替的根本原因。一旦地球自转轴的倾角发生改变，地球的四季将失去现在的规律，而地球的气候也会受到严重影响。

月球有足够大的体积和质量，能使地球运转得更加平稳。与地球不同，火星有两个小卫星，但是它们的引力都不够强大，所以火星的运转是跌跌撞撞的，它的自转也是不平衡的。火星与地球的不同命运证实了月球的重要性。并且，胖子卫星月球为地球充当了挡箭牌。如果没有月球，地球也许会被流星撞得千疮百孔，月球上的陨石坑就是证明。此外，月球是引发地球海水潮汐的主要动力，而潮汐对生物的多样性有着重大贡献，如果没有月球，地球上的生命不会这样五彩缤纷。

4 月球的结构

月球有壳、幔、核等分层结构。最外层的月壳平均厚度约为60～65千米，月壳下面是月幔，其厚度有大约1 000千米，再往下是月核。月核的温度约为1 000℃，很可能是熔融状态的。月球直径约3 476千米，是地球直径的3/11，是太阳直径的1/400。月球的体积只有地球的1/49，平均密度约为地球密度的3/5。月球的质量约7.35×10^{19}吨，相当于地球质量的1/81，其表面的重力差不多是地球重力的1/6。

△ 月球

每逢皓月当空，并无云彩遮挡时，能看到月球表面明暗不一，亮的部分是月亮上的高地和高山，暗的部分是低洼而广阔的大平原。

我们都知道，月球本身不发光，我们所看到的月亮，是被太阳照亮的明面。阳光照射在月面上，高地反射阳光的能力较强，再加上月亮高地主要是由浅色的岩石组成，因此看起来就更明亮；而低洼的平原部分，往往还覆盖着黑色的熔岩物质，反射阳光的本事要弱得多，对比之下就显得暗淡多了。

早期的天文学家在观察月球时，以为发暗的地区都有海水覆盖，因此把它们称为"月海"，其实这些"海"中，连一滴水都没有，它们是广阔的平原，是月面上低凹的区域。在月亮向着地球的一面，月海的面积占整个半球的一半，较为有名的月海有风暴洋、雨海、澄海、危海、丰富海等。

月面上较为明亮的地区称为"月陆"。月陆是月面上高出月海的区域，那里层峦叠嶂，山脉纵横，到处都是星罗棋布的环形山。月球上的山脉大多以地球上的山脉名称来命名，如高加索山脉、阿尔卑斯山脉等等。

环形山是月面上最明显的特征。环形山的中间有一个陷落的深坑，四周围有高耸直立的岩石。月球环形山高度一般在7~8千米之间，最大的环形山是月球南极附近的贝利环形山，直径达295千米，比我国的浙江省小一点儿；小的环形山直径也在1千米左右。在月面上，直径大于1千米的环形山总数超过33 000个，占月球表面积的10%，至于更小的，我们只能称之为月坑，那数目就多得数不过来了。

大多数环形山都以天文学家的名字来命名，如阿基米德环形山、伊巴谷环形山、哥白尼环形山、卡西尼环形山等。在月球背面的环形山中，和我国古代天文学家同名的环形山共有4座，分别为石申环形山、张衡环形山、祖冲之环形山和郭守敬环形山。科学家们认为，大多数环形山或月坑是由于流星体、小行星或彗星碰撞而成，个别的环形山则是由火山喷发而成。

月面上也有类似地球上大峡谷那样的结构，称为"月谷"。在月球上的不少地区，都发现了一些黑色的大裂缝，弯弯曲曲地延伸数百千米，宽度达几千米至几十千米。月谷往往有一定的走向，它的成因目前正在研究中。

月球表面的环形山 ▷

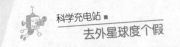

5
多变的月相

　　月球约一个农历月绕地球运行一周，每天相对于恒星自西向东平均移动13度多，即每小时相对背景星空移动半度，因此，如果你坚持天天观察、记录的话，你会发现，在同一地点，月亮每天晚上出现的时间，都比前一天晚50分钟。月亮东升西落是地球自转的反映，而自西向东的移动，却是月球围绕地球公转的结果。

　　地球的公转轨道平面和天球相交的大圆叫黄道。月球以椭圆轨道绕地球运转，这个轨道平面在天球上截得的大圆称"白道"。白道平面不重合于天赤道，也不平行于黄道面，空间位置在不断变化，周期为173日。我们已经熟知的二十八宿，差不多都位于白道上。

　　月球绕地球转一周叫一个"恒星月"，这个时间平均为27.32天。在绕地球公转的同时，月球本身也在自转。它的自转周期和公转周期是相等的，正是由于这个原因，月亮永远以一面对着地球。

　　随着月亮每天在星空中自西向东移动，它的形状也在不断地变化着，这就是月亮的相位变化，也叫"月相"。你们都知道，月亮自己并不会发光，它是靠反射太阳光才发亮的。随着月亮相对于地球和太阳的位置变化，就使它被太阳照亮的一面有时对着地球，有时背向地球，而月球朝向地球的一面，有时被照亮的部分多些，有时少些，这样就出现了不同的月相。

　　换句话说，在地球上的我们，只能看见月亮的一面，而太阳却能看见月球的全部面貌。月球每天将不同的被太阳照亮的部分朝向地球，就造成了月相的变化。

　　当月亮运行到地球和太阳之间，被太阳照亮的半球背着地球，这时候我们看不见月亮，这种情况叫"朔"，也叫"新月"，每个月的这一天，便是农历初一。过了朔日，月亮被照亮的部分逐渐转向地球，我们就能看到一钩弯弯的月亮，叫作"蛾眉月"，时间在农历的初三、初四。到初七、初八的时候，我们就能看到半个月亮了，凸起的部分朝向西方，这个时候的月亮叫"上弦月"。到了农历十五前后，月亮被照亮的一面全部对着地球，这时候挂在夜空的，是一轮圆圆的月亮，称为"满月"，也叫"望"。农历十七之后，月亮洁白的脸就逐渐缩小了，到农历二十三前后，就又只能看见半个月亮了，这时候的月亮叫"下弦月"，它看起来像英文字母里的C，凸起的一面朝东。下弦月要到半夜时分才会从东方升起。而再过一个星期，就又到了朔日，月亮又瞧不见了。

月相就是这样周而复始地变化着。在古代流传下来的传说中，月亮是具有魔力的，满月时月亮的能量最强。

以月亮变化的周期来计算，从新月到下一个新月，或者从满月到下一个满月，就是一个"朔望月"，为29.53天左右。中国农历一个月的长度，就是根据"朔望月"确定的。

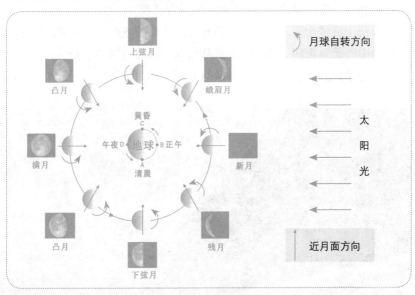

△ 月相成因图

6 天狗与月食

每当月亮运行到地球的阴影里的时候，就会看到一种特殊的天文现象，就是月食。

月食一般都发生在满月的日子里。这个时候太阳、地球和月球正好或几乎位于同一条直线上，地球在太阳和月球之间，月球被地球的影锥遮住一部分或全部，地球上的某些地区就能看到月食。

地球在背着太阳的方向会出现一条阴影，称为地影。地影分为本影和半影两部分。本影是指没有受到太阳光直射的地方，而半影则是只受到部分太阳直射的光线。月球在环绕地球运行过程中有时会进入地影，这就产生月食现象。

月食可分为月偏食、月全食及半影月食三种。

农历十五或十六，月亮运行到和太阳相对的方向，这时如果地球和月亮的中心大致在同一条直线上，月亮就会进入地球的本影，而产生月全食。如果只有部分月亮进入地球的本影，就产生月偏食。月全食和月

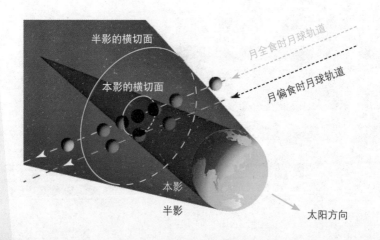

半影的横切面

月全食时月球轨道

本影的横切面

月偏食时月球轨道

本影

半影

太阳方向

◁ 月食成因

偏食都是本影月食。在月全食时，月球并不是完全看不见的，这是由于太阳光在通过地球的稀薄大气层时受到折射进入本影，投射到月面上，使得月面呈红铜色。月球经过本影的路径及当时地球的大气情况对月全食有很大影响，光度不同时，月全食也会有所不同。正式的月食过程分为初亏、食既、食甚、生光、复圆五个阶段。

如果月球进入地球的半影区域，太阳的光也可以被遮掩掉一些，这种现象在天文上称为半影月食。在半影月食发生期间，由于在半影区阳光仍十分强烈，月面的光度并不比正常情况下减弱多少，其边缘也并不会被地球的影子挡住，因而多数情况下，半影月食不容易为人发现，所以人们一般不把半影月食算在月食之

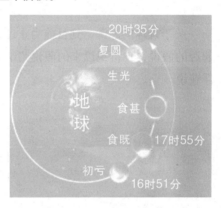

△ 月食过程

列。因此，我们常说，月食有月偏食和月全食两种。并且，由于地球的本影比月球大得多，这也意味着在发生月全食时，月球会完全进入地球的本影区内，所以不会出现月环食这种现象。

通常月亮不是从地球本影的上方通过，就是在下方离去，很少穿过或部分通过地球本影，所以一般情况下就不会发生月食。每年最多能发生三次月食，大多数情况下一年发生两次，也有的时候一次都不发生。

古代中国与非洲民间认为月食是"天狗吞月"，必须敲锣打鼓才能赶走天狗。在汉朝时，张衡就已经发现了月食的部分原理，他认为是地球走到月亮的前面把太阳的光挡住了。公元前4世纪，亚里士多德观察月食时看到地球影子是圆的，从而推断地球是球形的。公元前3世纪的古希腊天文学家阿利斯塔克和公元前2世纪的伊巴谷都提出通过月食测定太阳—地球—月球系统的相对大小。在火箭和人造地球卫星出现之前，科学家一直通过观测月食来探索地球的大气结构。月食现象一直推动着人类认识的发展。

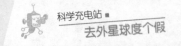
7 月亮的身世

关于月球的起源，到目前为止还是个谜。人们提出过很多关于月球起源的假说，18世纪以来的假说归纳起来有三种，即同源说、分裂说和俘获说。

△ 地月同源说

"同源说"是最早出现的一种月球起源假说。所谓"同源"，是指月球和地球具有相同的起源，这种说法认为，月球和地球是在同一时期，由宇宙尘埃凝集而成。按同源说来衡量，月球与地球应该是兄弟关系或姐妹关系。

"分裂说"则认为月球是从地球身上分离出去的。提出这种说法的人认为：在太阳系形成初期，地球还处于熔融状态，这个时候地球的转速相当高，于是有一部分物质被甩了出去，凝结后就形成了月球。甚至有人认为太平洋就是月球分裂出去以后，地球留下的"疤痕"。根据这一说法，月球本应该算是地球的一部分，你可以把它看成地球的孩子。

"俘获说"是这三种说法中最后被提出来的。这种说法认为：月球是在与地球完全不同的地方形成的，一次偶然的机会，月球运行到地球附近，被地球的引力捕获，于是成了地球的卫星。照这种假说，月球与地球原本素不相识，后来一见钟情，进而相伴相守，倒真的可以算作一对"情侣"。

这三种假说都获得了一些实验的支持，但同时它们也都存在一些问

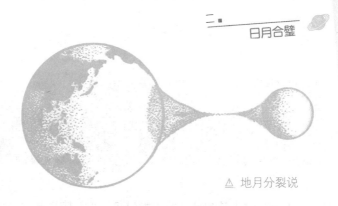

△ 地月分裂说

题，是与实际研究的结果不相符的，因此它们也只能都停留在"假说"阶段。

还有另一种令人眼界大开、让人为之瞠目结舌的说法，叫"宇宙飞船说"。苏联科学家瓦欣和谢尔巴科夫认为，月球其实是外星人制造的一艘巨型宇宙飞船，受到外星人操纵，来到了地球身边。这一假说目前并未获得足够的证据支持。

20世纪80年代中期，一位美国的天文学家提出了一种崭新的说法，我们不妨称之为"撞击重塑说"。这位天文学家认为：在太阳系形成早期，大约在相当于目前地—月系统存在的空间范围内，形成了原始地球和一个火星般大小的天体，它们在各自的演化中均形成了以铁为主的金属核和以硅酸盐组成的幔及壳。一个偶然的意外使这两个天体撞在了一起，地球被撞出了轨道，火星大小的天体也碎裂了。飞离的气体、尘埃受地球的引力作用"落"在地球的周围，通过吸、积，先形成几个小天体，以后像滚雪球似的形成了月球。这一说法综合了"同源说""分裂说"和"俘获说"的合理之处，并得到了一些地质化学、地质物理学实验的支持，但还没有最终确认。

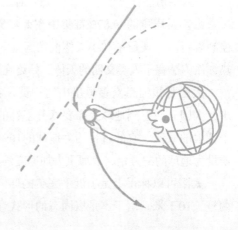

地月俘获说 ▷

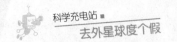
8
太阳系的大家长

太阳是古人认识到的第一颗恒星，也是距离我们最近的恒星，是太阳系的大家长。通过对太阳的观察和研究，古代中国人从对"昼夜"的认知，生发出了"阴阳"的概念，由昼夜交替进而理解了阴阳运转，并由此创作出了《易经》。我国是世界上最早进入农耕社会的国家之一，我们的祖先崇尚"日出而作，日落而息"，以太阳的运行来确定自己的作息时间。

从远古时期，太阳就是世界各地的人们崇拜的对象，不仅如此，它也是制订历法的标准和依据。上古时期，根据不同的农业、牧业生产情况需要，分别产生过太阳历法和太阴历法。古时汉族地区使用的农历又称夏历，是一种阴阳合历，以月相定月份，以太阳定年周期，以朔日为每月的开始，这一天太阳和月亮同时升起，因而在地球上看不到月亮。历法的推断起点叫作"上元"，我国古代规定，上元必须是"日月合璧、五星连珠"之时的冬至日，因此汉武帝时命司马迁等推算《太初历》时所选历法计算的起点，是公元前2697年甲子年。

太阳系质量的99.87%都集中在太阳身上。太阳以它那巨大的引力，控制着行星、矮行星和小天体们的运动。它不断向周围空间辐射着光和热，作为孕育了人类文明的天体，始终在影响着地球上的生物。

太阳是银河系众多恒星中的一员，它和地球的距离约为1.496亿千米，太阳光照射到地球上需要八分多钟的时间。和地球比起来，太阳是个庞大的家伙。它的直径约为地球的109倍，体积约为地球的130万倍，质量为地球的33万倍，表面重力加速度约为地球的28倍。

太阳可以称得上是个近乎完美的球体，它的东西两极直径只比南北两极长10千米。由于不是以固态的形式存在，所以它的两极和赤道自转

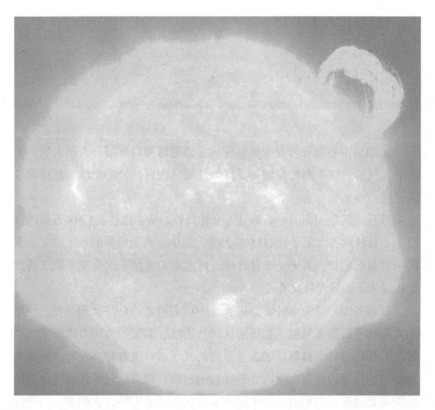

△ 太阳

周期并不相同，其整体平均自转周期为28天。组成太阳的物质大多是些普通的气体，其中氢约占71.3%，氦约占27%，其他元素占2%。

在宇宙中，像太阳这样的星星还有很多，在众多的恒星中，太阳只是一颗中等质量的恒星而已。目前太阳正处于"中年期"，在50亿~60亿年以后，太阳将耗尽全部的氢，它的核心将会收缩，而外层将会膨胀，成为一颗红巨星，这个时候，它就进入了老年期，成为真的"太阳公公"了。当太阳变成红巨星时，它的身体会不断向外扩张。到那个可怕的时候，地球难免会被太阳吞掉。一些科学家因此提出这样的建议：当太阳变成红巨星时，地球上的人类可以迁居到外星系去，找一颗和地球环境类似的行星居住。

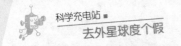

9 太阳的结构

太阳从中心向外可分为核反应区、辐射区和对流层、太阳大气。太阳的大气层，按不同的高度和不同的性质从内向外分为光球、色球和日冕三层。

核反应区是太阳的中心部分，亦称日核，中心温度在1 500万摄氏度以上。日核约占太阳半径的15%~25%，集中了太阳质量的一半以上。太阳所发射的能量，有99%来自日核，该能量由氢原子聚变成氦原子所产生，以光子的形式释放出来。

日核外面一层为辐射区，其范围从0.2太阳半径至0.7太阳半径，这里的太阳物质既热又黏稠。在辐射区的外边缘，温度约为70万摄氏度。辐射区的物质可对来自日核的能量极高的光子进行吸收和再发射，从而实现能量的传递，无数次吸收、再发射的过程，使高能光子逐渐转变为可见光和其他形式的辐射。如果没有辐射区物质的作用，太阳将是一个仅能发射高能射线的不可见天体。

在辐射区的外侧区域，太阳气体呈对流的不稳定状态，这一区域称为对流层，厚度约为14万千米。对流层温度、压力和密度梯度都很大，可以将机械能通过光球传输到太阳的外层大气。这一层现在被认为是产生太阳磁场的磁发电机。对流层的热柱会在太阳表面形成一种特征，也就是观测时看见的米粒组织和超米粒组织。

对流层上面的太阳大气称为光球，其厚度约为500千米，温度约为5 500摄氏度，我们肉眼所能看见的太阳表面，也叫"太阳视圆面"，其实就是光球。几乎所有的可见光都是从这一层发射出来的，因此太阳光谱其实就是光球的光谱。光谱分析法是了解太阳化学成分、磁场、密度、压力和温度等物理参数的主要途径之一。1868年人们利用观测日全食的机会，用光谱分析法在太阳大气中首次发现了氦元素。截至上个世纪末，已发现并证实太阳光球中约有69种元素。

色球层位于光球之上，厚度约2 000千米，太阳上温度最低的区域就在这一层，为光球之上500千米处。色球层温差较大，顶部能达到数万度，它发出的可见光总量不及光球的1%，因此平时人们看不到色球层，只有在发生日全食时，或者使用单色光观测，才能看到它是非常美丽的玫瑰红色气层，"色球"的名字就是这么来的，它源自希腊文的"彩色"一词。

日冕是太阳大气的最外层。日全食的时候，在暗黑的天空背景下，能在被月亮遮掩的日轮旁看到非常明亮的青白色光区，那就是日冕了。日冕由高温、密度极低的等离子体组成，延伸的范围约为太阳的几倍到几十倍，温度可达200万度。日冕又可分内冕和外冕，外冕可延伸至地球轨道附近。

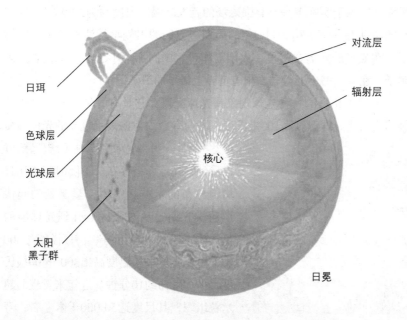

日珥

色球层

光球层

太阳
黑子群

对流层

辐射层

核心

日冕

△ 太阳的结构

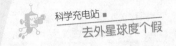
10 太阳活动

广义的太阳活动是太阳大气层里一切活动现象的总称，主要有太阳黑子、光斑、谱斑、耀斑、日珥和日冕瞬变事件等。天文学家根据太阳活动现象的变化速度，把太阳活动分为两类，分别为缓变型和爆发型。缓变型包括太阳黑子等活动现象，耀斑和太阳色球爆发及太阳物质抛射等则属于爆发型太阳活动。这两类活动在时间和空间上有一定联系。

太阳活动变化的最长久纪录是太阳黑子的变化。太阳黑子是太阳活动的基本标志，也是光球上最显著的现象。黑子并不是绝对的黑，而是因为温度比周围区域低大约1 500摄氏度，所以在光球的背景衬托下显得黑而已。黑子实际上是具有强磁场的巨大旋涡，温度约为3 900摄氏度，它的活动有一个平均为11.2年的周期。我们的祖先早就注意到了太阳黑子，在最早的象形文字里，太阳写作⊙，中间那个小黑点，就代表太阳黑子。在《汉书·五行志》中有世界上最早的黑子记录。

与黑子相反的一种光球现象是光球光斑，它具有各种不同形式的纤维结构，比光球温度高100摄氏度，平均寿命约为15天，较大的光斑寿命可达3个月。另外，使用专业的望远镜可以看到，光球面上存在着不随时间变化且均匀分布的米粒状气团，呈激烈的起伏运动，它们是从对流区上升到光球层的热气团，叫"米粒组织"，直径能达200千米，比光球平均温度高出300～400摄氏度，平均寿命约10分钟。近年来发现的超米粒组织，其尺度达30 000千米左右，寿命约为20小时。

△ 太阳黑子

在色球上腾起的舌状火焰叫"日珥"，是迅速变化着的活动现象，一次完整的日珥过程一般为几十分钟。大的日珥可高于日面几十万千米。色球层中还经常出现"爆发现象"，称为"色球爆发"，就是通常所说的太阳耀斑。它是一种最为剧烈的太阳活动，有约11年的活动周期，其主要特征是：日面上，尤其是黑子群上空，突然出现迅速发展的亮斑闪耀，其寿命仅在几分钟到几十分钟之间，亮度上升迅速，下降较慢。一次较大的耀斑爆发，可释放出巨大的能量，有些天文学家因此称之为"惊天动地的爆炸"。太阳耀斑会对地球的空间环境造成很大影响，耀斑爆发抛出的大量高能粒子可能会威胁到宇航器里的宇航员或仪器的安全，还会破坏电离层，使其失去反射无线电电波的功能。无线电通信尤其是短波通信，以及电视台、电台广播，会受到干扰甚至中断。耀斑发射的高能带电粒子流与地球高层大气作用，产生极光，并干扰地球磁场而引起磁暴。

太阳活动对地球的电离层、磁场乃至气候都有影响，当太阳活动比较剧烈时，还会影响地球的环境变化，并且，大耀斑等现象的出现，对人类的航天活动有极大危害。为了正常的生产、生活和国防安全，人们已开始密切关注太阳活动。

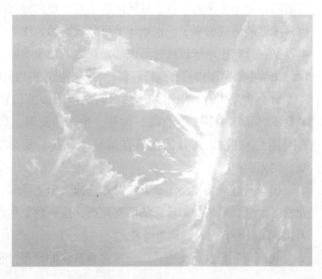

太阳耀斑 ▷

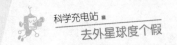

11
黑暗时刻

  日食的发生与太阳、地球、月亮的运动有着密切的关系。地球围绕着太阳运转，而月亮围绕着地球运行，这三者的位置时刻都在变化着。地球和月亮都是自身不发光而又不透明的球体，在太阳光的照射下，都会拖着一条长长的影子。日食发生在太阳、地球和月亮处于同一条直线上的时候，这个时候月亮运行到太阳和地球之间，月亮会挡住太阳光，月球的影子正好落在地球上，被月影扫到的地区，就能看到日食。

  日食、月食是光在天体中沿直线传播的典型例证。日食必定发生在朔日，即农历初一，但并不是每次朔日都会发生日食。因为白道面和黄道面并不重合，有一个5°09′的夹角，所以只有当月亮运行到黄道和白道的升交点和降交点附近时，才可能发生日食。

  日食有三种类型：日全食、日偏食和日环食。由于月球、地球运行的轨道都不是正圆，日、月同地球之间的距离时近时远，所以太阳光被月球遮蔽形成的影子，在地球上可分成本影、伪本影和半影，其中伪本影是在月球距地球较远时形成的。观测者处于本影范围内可看到日全食；在伪本影范围内可看到日环食；而在半影范围内只能看到日偏食。

  日全食发生时，根据月球圆面同太阳圆面的位置关系，可分成五种食象，依次为初亏、食既、食甚、生光和复圆。日全食与日环食都有上述5个过程，而日偏食只有初亏、食甚、复圆3个过程，没有食既、生光。

  由于月球表面凹凸不平，当月球遮掩太阳光球时，日光仍可透过凹处发射出来，形成类似珍珠的明亮光点，这种现象称作"贝利珠"，因天文学家贝利首先观测到而得名。

  我国观测日食历史悠久，历来重视日食的预报，有着世界上最早、

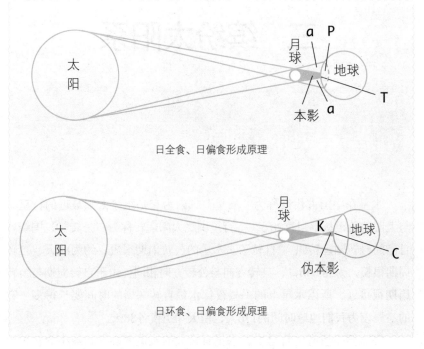

日全食、日偏食形成原理

日环食、日偏食形成原理

△ 日食成因

最完整、最丰富的日食记录。祖先们对日食的科学解释为阴侵阳，即象征"阴"的月亮遮蔽了代表"阳"的太阳，而造成了日食现象。汉墓中出土的"日月合璧"图上，太阳和月亮叠在一起，应该是当时的日食记录。世界天文学家普遍承认中国古代日食记录的可信程度最高，为世人留下了珍贵的科学文化遗产。

日全食之所以受重视，主要的原因是它具有极大的天文观测价值。科学史上有许多重大的天文学和物理学发现，都是在日全食发生之时被发现或验证的。例如说，爱因斯坦的广义相对论预言了时空是弯曲的，这一观点于1919年在一次日食发生之时得到了证实。而在夏商周断代工程中，正是由于有"天再旦"的日食记载，使得科学家们确定，武王灭商这一天为公元前1044年1月9日。

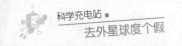
三　缤纷太阳系

1
难得一见的辰星

　　水星在中国古代被称为"辰星"，因为它是距离太阳最近的行星，与太阳的角距从不超过28.3°。行星围绕太阳运转称为"公转"，围绕着自己的自转轴运转叫"自转"。水星的公转周期很短，约为88天，自转周期很长，为58.646日，自转方向与公转方向相同。由于自转周期与公转周期很接近，所以水星上的一昼夜比水星自转一周的时间要长得多。它的一昼夜为我们地球时间的176天，白天和黑夜各88天。

　　在太阳系所有的行星中，水星有最大的轨道离心率和最小的转轴倾角，每绕轴自转3圈的同时，也绕着太阳公转2周。水星在轨道上的平均运动速度为48千米/秒，是太阳系中运动速度最快的行星。因此，古代西方人用飞毛腿神使墨丘利的名字来称呼它。

　　由于水星距离太阳非常近，经常淹没在太阳耀眼的光辉中，因此肉眼观测水星十分困难。伟大的天文学家哥白尼一生最大的遗憾，就是没能亲眼看见水星。在北半球，只能在凌晨或黄昏的曙、暮光中才能看见水星；当大距出现在赤道以南的纬度时，在南半球的中纬度可以在完全黑暗的天空中看见水星。观测水星的最佳时机，是日全食发生之时。

　　水星没有天然卫星。其外观同月球相似，只是上面有更多的环形山，高地平原参差不齐。与月表有所不同的是，水星表面分布着隆起的陡壁和山脊。水星的表面非常宁静，过去可能发生过火山活动，有火山熔岩形成的平面状地区，还遍布着大大小小的陨石坑。水星的大气非常稀薄，主要成分为氦、汽化钠和氧。水星是太阳系表面温差最大的行星，平均地表温度为179℃，最高为427℃，最低为–173℃。1991年科学家在水星的北极发现了一个不同寻常的亮点，科学家们怀疑，造成这个亮点的可能是在地表或地下的冰。

水星是八大行星中最小的行星，仅比月球大1/3。它属于太阳系中的类地行星，也是岩态行星，主要由石质和铁质构成，其密度仅次于地球，为太阳系中密度第二高的行星。水星有一个小型磁场，磁场强度约为地球的1%。科学家们估计水星内部存在一个超大的内核，其内核质量甚至可以占到其总质量的2/3，而相比之下，地球的内核区质量只占地球总质量的1/3。水星外貌如月球，内部却很像地球，也分为壳、幔、核三层。天文学家推测水星的外壳是由硅酸盐构成的，其中心有个比月球大得多的铁质内核。这个核球的主要成分是铁、镍和硅酸盐。

1915年，爱因斯坦依广义相对论计算出的水星近日点多余进动值，与实际观测值相当吻合，因此水星轨道近日点的进动被看作建立广义相对论初期的第一个重大实验验证。这一结论目前遭到一些科学家的质疑，尚在探讨中。

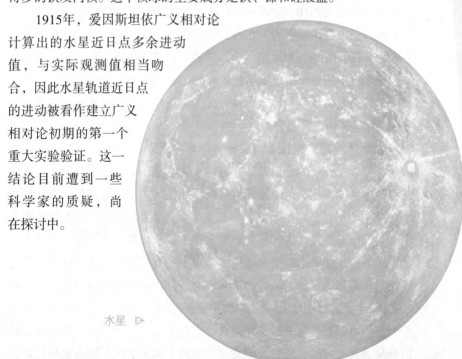

水星 ▷

41

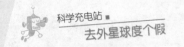
2 美神与地狱

　　金星是太阳系八大行星之一，按离太阳由近及远的次序排列为第二颗。在中国古代称为太白，被视作智慧的象征。由于它是夜晚天空中除月亮外最亮的天体，所以在西方，人们以美神维纳斯的名字为其命名。和月球一样，金星也具有周期性的圆缺变化，即相位变化，但是由于金星距离地球太远，用肉眼无法看到。金星的相位变化，曾经被伽利略作为证明哥白尼的日心说的有力证据。

　　金星离太阳约10 800千米，公转周期225天，自转周期则要243天，是主要行星中自转最慢的。在八大行星中金星的轨道最接近圆形，偏心率最小，仅为0.7%。和水星一样，它的一日比一年还要长，但金星上的一天比水星上的一天要短。金星的自转为逆向，即自转方向与公转方向相反，这是太阳系八大行星中独一无二的现象。因此在金星上观看，会发现太阳是从西边升起来的。

　　金星是一颗类地行星，半径、体积和质量都与地球相似，因此人们把金星看成地球的孪生姊妹，有的天文学家认为金星的化学和物理状况和地球类似，在金星上发现生命的可能性比火星还大。但两者的环境却有极大差别：金星的表面温度很高，最高温度达485℃，不存在液态水，大气压约为地球的90倍。金星大气中二氧化碳最多，占97%以上，严重缺氧，气体产生的温室效应使金星上的昼夜温差很小，基本上没有昼夜、季节和地区的差异。金星上还有一层由浓硫酸组成的浓云，厚达20~30千米，这让地球上的观测者难以透过这层屏障来观测金星表面。金星上空闪电频繁，每分钟达20多次。它还是太阳系中唯一一颗没有磁场的行星。凡此种种，使得人们常以"地狱"来形容金星的表面环境，并认为这样的环境不适合生命生存。

　　金星的内部可能与地球比较相似，但其表面大多数地区都相当年轻，大约90%的金星表面是由不久之前才固化的玄武岩熔岩形成，间或有极少量的陨石坑。由于表面十分干旱，所以金星上的岩石要比地球上的更坚硬。据探测器发回的信息分析，金星的岩浆里含有水。人们认为，较早时期金星和地球上的水量相同，太阳风的攻击已经让金星上层大气的水蒸气分解为氢和氧，氢原子因为质量小逃逸到了太空，而氧元素则与地壳中的物质化合，因而在大气中没有氧气。金星上氘的比例似乎支持这种理论。

　　人们曾经认为金星有一个卫星，名叫尼斯，但后来的观察证明这颗卫星并不存在。现在，科学家们认为金星没有卫星。

　　令人好奇的是金星与地球平均584天的会合周期，玛雅人据此推算出了他们的"太阴历"。这一会合周期是偶然出现的关系，还是与地球潮汐锁定的结果，还无从得知。

△ 金星

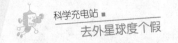
3
血色战神

　　火星在中国的古名为"荧惑"，因为它"荧荧像火"，亮度时常变化，而且运行情况比较复杂，不容易抓准规律，这点很使祖先困惑。也许是由于火星的颜色容易使人联想到鲜血和战火，在古代，无论是中国人还是外国人，都常把它和战争联系起来，西方称之为"战神玛尔斯"。

　　火星是太阳系由内往外数的第四颗行星，属于类地行星，直径约为地球的一半，自转轴倾角、自转周期均与地球相近。火星的公转周期为686.98日，约为地球公转时间的2倍，自转周期为24小时37分23秒。火星上也有四季变化，每个季节的长度大致与地球上两个季节的长度相当。

　　火星的大气密度只有地球的大约1%，主要是由二氧化碳、氮气和微量的氧气及水汽组成，非常干燥。在火星的早期，它与地球十分相似，但由于缺少板块运动，二氧化碳无法再次循环到火星大气中，因而无法产生意义重大的温室效应，导致火星表面非常寒冷，平均温度只有-55℃。

　　火星基本上是沙漠行星，和地球一样拥有多样的地形，有高山、平原和峡谷，其上的奥林匹斯山脉为太阳系内之最。其两极皆有水冰与干冰组成的极冠，会随着季节消长。和地球不同，火星没有稳定的液态水体，大气中悬浮着沙尘，每年常有尘暴发生。传统的天文学理论提出，火星表面的土壤中含有大量氧化铁，由于长期受紫外线的照射，铁就生成了一层红色和黄色的氧化物。

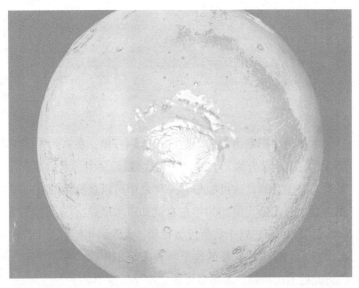

火星　▷

所以火星看起来就是红色的了。而苏联学者沃波林布则认为，火星表面的化合物是自然界中普遍存在的一种叫赤铁矿的三氧化二铁。这一假说已经得到部分证实。相对于其他固态行星而言，火星的密度较低。

火星有两个天然卫星：火卫一和火卫二，形状不规则，可能是捕获的小行星。火星与地球最近距离约为5 500万千米，最远距离则超过4亿千米，两者之间的近距离接触大约每15年出现一次。

1877年，乔·斯基亚巴雷利观测到火星表面有"河流"样的黑暗条纹，洛韦尔研究后认为是火星上曾有过的智慧生命开凿出来的。因此，是否有火星人存在就成为公众争论的一个焦点。自20世纪60年代始，人们发射了大量的探测器，频繁探索火星，至今尚未发现生命存在的切实证据。人们普遍认为，同其他行星相比，火星最像地球，因而在未来，火星可供地球人移居，但有些科学家则对此持反对态度，原因是火星没有磁场，不利于生命的产生和生存。据研究，火星磁场主要来自于表面磁化的地壳，仅在火星形成早期存在，而在39亿年前，其发电机作用就已停止。火星磁场为何消失，目前仍是个谜，最新的解释是：行星的撞击是导致火星磁场消失的元凶。

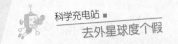
4
失败的恒星

木星是太阳系由内向外数的第五颗行星，在古代中国，与水星、金星、火星及土星合称"五纬"。在这5颗行星中，木星是最先为人认识并引起人们注意的，这可能是它一年之中可以观测到的时间较为长久的缘故。祖先们在公元前2000年左右就知道木星是行星。它在星空中运行一周约需要11.8年，这个数值近似12年，大约每年停留于十二次中的一个星次，祖先们曾利用木星的这个特点来纪年，称"岁星纪年"。由于在历法方面的杰出贡献，木星赢得了"岁星"这个名字。

木星的亮度在全天排行第四，位于太阳、月亮和金星之后，但有些时候，它可能会比金星还亮。木星早在史前就拥有了相当的知名度，它很可能是人类最早注意到并观测、记录的行星。西方人以神话中的天王朱庇特的名字来称呼它。

木星是太阳系中最大的行星，它的质量是地球的317.90倍，比太阳系所有的其他行星、矮行星和小天体加在一起还重。木星虽然在太阳系中体积最大，自转速度却是最快的，赤道部分自转一周的时间为9小时50分30秒。由于自转速度快，它的形状很扁，大气条纹沿赤道伸展。

木星是一颗气态行星，拥有稠密的大气。由于木星有较强的内部能源，致使其赤道与两极温差不大，不超过3℃，因此木星上南北风很小，主要是东西风，最大风速达

◁ 木星

46

130~150米／秒。大红斑是木星表面最显著的特征，是一团激烈上升的气流，呈深褐色。这个彩色的气旋以逆时针方向转动。木星的斑状结构相当于地球上的风暴，不过规模要大得多，持续时间也长得多。它为何能持续这么久，其原因正在研究中。

木星主要由氢和氦组成，其中氢元素含量是84%，氦元素含量是14%，其他仅为2%，中心温度估计高达30 500℃。近年来，通过对木星的辐射探测得知，木星虽然不发光，但它发射的总辐射却是其所受太阳辐射的2.5倍。这说明木星除了反射太阳的光和热外，本身还具有内能源。大部分天文学家认为，木星核心处于高温高压状态，但还不足以产生热核反应，因此他们称木星是一颗"失败的恒星"。

木星有较强的磁场，比地球的磁场还要强得多，和地球的一样，它的磁场是偶极的。其4个大卫星都被木星的磁层所屏蔽，使之免遭太阳风的袭击。

截至2012年2月，已被发现的木星卫星达66颗。最大的4颗卫星，统称"伽利略卫星"，是由伽利略于1610年发现的。但据史料记载，我国天文学家甘德早在公元前346年就发现了木卫三，比伽利略早了将近2 000年。

近年来，频繁发现彗星撞击木星事件，有天文学家认为，引力很大的木星具有吸尘器般的功能，吸走了很多来自太阳系边缘的彗星，多次保护了地球免受彗星撞击。

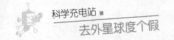

5
美丽的魔王

在太阳系八大行星中，以距离太阳从近到远的顺序排列，土星排在第六位。我们的祖先测得土星每28年绕太阳运行一周，每年停留于一个星宿，就好像是在镇守二十八宿一样，因此在中国古代，土星被称为"镇星"。它还有个名字叫"填星"，是一颗能给人带来好运的福星。但在西方，人们以农神萨图恩的名字来称呼它，萨图恩也是传说中魔王的名字。

土星在太阳系中体积和质量仅次于木星，和木星同属巨行星，也称类木行星。其平均密度只有0.70克/立方厘米，是八大行星中密度最小的。如果把它放在水中，它会浮在水面上。它和木星十分相似，表面是液态氢和氦的海洋，上方覆盖着厚厚的云层，内部的核心包括岩石和冰。土星大气以氢、氦为主，并含有甲烷和其他气体，大气中飘浮着由稠密的氨晶体组成的云。

土星自转速度之快也仅次于木星，快速自转使它的形状非常扁，它是太阳系行星中形状最扁的一个。土星自转很快，但不同纬度自转的速度却不一样，这种差别比木星还大。土星的风速高达1 800

土星 ▷

千米/小时，比木星上
的风速还快，其行
星磁场强度弱于木
星，但强于地球。
土星也有四季，
只是每一季的时间要
长达7年多，由于距太阳很
远，即使是夏季也极为寒冷。在1781年发现天王星之前，人们曾认为土
星是距离太阳最远的行星，甚至一度将土星轨道作为太阳系的边界。

　　肉眼观测土星呈淡黄色，这也是中国古人根据五行说将其命名为
"土星"的原因。其实土星表面也有沿赤道伸展的条纹带，和木星一
样，它也被五彩斑斓的云带所缭绕。土星上也有一个大红斑，但比木星
的大红斑要小得多，估计是一次飓风所致。土星的条纹带有时会出现亮
斑、暗斑或白斑，白斑的出现不很稳定。

　　土星最明显的特征就是它耀眼的光环。其实外行星都有光环，但
没有一颗的光环能与土星相媲美。这使得土星赢得了"最美丽的行星"
的称号。土星环的主要成分是冰的微粒和较少数的岩石残骸以及尘土。
1856年，英国物理学家麦克斯韦从理论上论证了土星环是无数个小卫星
在土星赤道面上绕土星旋转的物质系统。1979年，"先驱者"11号的紫
外辉光观测发现，在土星的可见环周围有巨大的氢云，环本身是氢云
的源。

　　土星和木星一样卫星众多，它拥有62颗已确定轨道的天然卫星，最
大的卫星"泰坦"是被人类发现的第一颗土星卫星，也是太阳系卫星中
第一个被发现有大气存在的天体。它的上面存在丰富的有机化合物和氮
等元素，与地球早期生命形成时的环境相似，不少科学家都紧盯着它，
希望通过研究它了解地球最初期的情况。

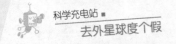
6
懒惰的行星

　　天王星是第一颗在现代发现的行星，也是第一颗使用望远镜发现的行星。它达到最大亮度时为5.6等，肉眼勉强可见。但由于过于黯淡，没有引起古代观测者们的注意。在被发现是行星之前，天王星已经被观测了很多次，但大家都把它当成了恒星。1690年，约翰·佛兰斯蒂德在星表中将其编为金牛座34。1781年3月13日，威廉·赫歇尔观察到这颗行星，但在最早的报告中，他称之为彗星，不过他很含蓄地说它比较像行星。1783年，法国科学家拉普拉斯证实赫歇尔发现的是一颗行星。最终这颗行星被命名为天王星。

　　以距离太阳由近及远排列，天王星排第七位，其名称来自古希腊神话中的天空之神乌拉诺斯。乌拉诺斯也是希腊神话中的第一代天王，在八大行星中，唯有天王星的名字取自希腊神话，其他行星的名字都源于罗马神话。

　　天王星与太阳平均距离28.69亿千米。

△ 天王星

直径51 800千米，公转周期84.32年，自转周期17时14分24秒，为逆向自转。其自转在太阳系大行星内是最为独特的，是躺在轨道上运转的，所以有人叫它"懒惰的行星"；由于它的自转轴几乎倒在其轨道面上，倾斜的角度高达98°，它的昼夜、四季与地球等行星大不相同，其"头顶"和"下巴"会分别经历42年的极昼或极夜。天王星自转轴为何倾斜至此，原因尚未明了，通常的猜想是在太阳系形成的时候，一颗地球大小的原行星撞击到天王星，造成的指向歪斜。

天王星的质量大约是地球的14.5倍，是类木行星中质量最小的，密度只比土星高一些。其表面温度约为−180℃。和类木行星一样，它也有磁场。大多数外行星都有较多的卫星，已发现的天王星卫星有27颗。并且，它也有一个环，这是继土星之后，在太阳系内发现的第二个环系统。

天王星的内部和大气构成与木星等气行星不同，为此天文学家们特地设立了"冰行星"这一类别。天王星和海王星都是冰行星。天王星主要是由岩石与各种成分不同的水冰物质所组成，主要组成元素为氢，其次为氦。它没有土星与木星那样的岩石内核，其金属成分是以一种比较平均的状态分布在整个地壳之内。直接以肉眼观察，天王星的表面呈现洋蓝色，这是因为它的甲烷大气吸收了大部分的红色光谱所导致。

天王星也有内热，但是它的内热看上去明显要比其他类木行星低。天王星记录到的最低温度是49 K，比海王星还要冷，所以有些人称天王星是"太阳系最冷的行星"。

据"旅行者"2号的探测结果，科学家推测天王星上可能有一个深度达10 000千米、温度高达6 650℃的液态海洋。这一推测目前尚需验证。

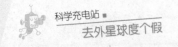
7
算出来的行星

在太阳系的八大行星中，海王星距离太阳最远，绕日运行一周需要大约164.79个地球年。它的与众不同之处在于，太阳系所有天体中，它是第一个依靠计算而不是观测发现的大行星。天王星被发现后不久，人们注意到它的轨道运动受到干扰，1846年，法国的勒维耶根据牛顿的万有引力定律，计算出海王星所在位置，海王星因而获得"笔尖上发现的行星"荣誉称号。有说法认为英国的亚当斯在此之前已计算出海王星的位置，但近年来，有些史学家认为这一说法并不准确。亚当斯到底有没有算出海王星的位置，至今仍是个谜。

单就体积来说，海王星在八大行星中排行第四，比天王星要小，但它的密度高于天王星，质量也比天王星大。和天王星一样，它也属于冰行星。

海王星的大气层以氢和氦为主，还有微量的甲烷。大气层中的甲烷，是使行星呈现蓝色的原因之一。也许是因为它看起来是蓝色的，所以人们以罗马神话中海神尼普顿的名字来为它命名。

海王星有太阳系最强烈的风，测量到的风速高达2 100千米/小时。海王星云顶的温度是–2 180℃，由于距离太阳最远，是太阳系最冷的地区之一。

海王星的组成成分与内部结构都与天王星的很相似，行星核是一个质量大概不超过一个地球质量的由岩石和冰构成的混合体。它的磁场也和天王星一样，十分古怪。由于这些相似，海王星和天王星经常被称作"孪生兄弟"或"姐妹星"。和木星、土星等一样，海王星也有内热，它辐射出的能量是它从太阳处获得的能量的2倍多，其核心温度高达7 000℃，与太阳表面温度相近。

海王星有13颗已知的天然卫星。最大的一颗名为海卫一，大小和组成类似冥王星，是太阳系中最冷的天体之一，也是太阳系内4颗有大气的卫星之一，且有着只有行星才有的磁场。与其他大型卫星不同，海卫一有一个逆行轨道，即轨道公转方向与行星的自转方向相反。科学家们推测，海卫一可能是被海王星俘获的柯伊伯带天体。

1846年10月，拉塞尔声称他看到了海王星光环，但并未引起重视。1984年，美国和法国的天文学家在观测掩星时发现了海王星的环。1989年，"旅行者"2号飞过海王星，证实了光环的存在。

我国清末天文学家邹伯奇生前曾制作过一台太阳系表演仪，上有太阳、八大行星以及行星的卫星等。在相当于土星的位置上，邹伯奇布设了一个环来表示土星光环，在海王星的位置上，他也布设了一个环，有人认为邹伯奇可能对海王星进行过观测并发现了其光环。但人们没有找到邹伯奇有关海王星光环的观测记录。

2006年，国际天文学联合大会规定，以海王星轨道为标准，太阳系中所在位置或运行轨道超出海王星轨道范围的天体被称作"外海王星天体"。

△ 海王星

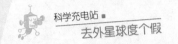
8 受委屈的行星

在海王星被发现后，天文学家们根据"摄动"影响，推测在其轨道外还有一颗大行星。1905年，美国天文学家洛韦尔推算出这颗大行星的位置，1930年2月，年轻的观测员汤博经过一年多的艰辛努力，终于发现了这颗遥远黯淡的行星。这颗新发现的行星被命名为冥王星。

冥王星与太阳平均距离59亿千米，直径约为2 300千米，平均密度约2.0克/立方厘米，公转周期约248年，自转周期6.387天。由于在距离太阳非常遥远的轨道上运行，其周围太空环境可用"寒冷阴暗"来形容，人们以罗马神话里掌管地狱的冥界之神普路同的名字来称呼它。

冥王星可说是一颗非常独特而神秘的天体，它的许多情况目前还是未知的，例如：表面温度不清楚，推测在-238～-228℃之间；成分不知道，根据其密度分析，它大概与海卫一一样，由70%岩石和30%冰水混合而成；大气情况不甚明了，可能主要由氮和少量的一氧化碳及甲烷组成……甚至在发现后很长一段时间内，都没能确定它的大小。1988年6月9日，冥王星刚好运行到一颗恒星的前面，根据恒星被遮掩的时间，天文学家们测定冥王星直径约2 344千米，比月球还要小，其质量也只有月球的1/5。

◁ 冥王星

冥王星的运行只能以"怪异"来形容。它绕太阳运行的轨道非常扁，轨道倾角有17°之多，有的时候它会比海王星离太阳更近。它的赤道面与黄道面交角接近90°，因此它也和天王星一样，是躺在轨道上运行的。在发现之初，它曾被认为是一颗位于海王星轨道外的行星，但后来人们发觉，冥王星在近日点附近时比海王星离太阳还近。

冥王星现已知拥有5颗卫星，最大的一颗冥卫一，绕冥王星公转的周期，恰好等于其自身的自转周期和冥王星的自转周期，都是6.387日。有人推断冥卫一可能是冥王星与另一个天体碰撞的产物，就像地球与月球一样。

自发现以来，冥王星一直被归为大行星一列，但在2006年，国际天文学联合会以投票方式决定将冥王星从大行星中除名，将其定义为矮行星。这一决定遭到许多人的反对，并在公众中引起强烈反应，很多人以"有些科学家私自将冥王星划归矮行星"来描述这一投票事件。

反对将冥王星划为大行星的天文学家列出的根据是：冥王星质量过小，直径也不够大，而且运行轨道十分反常，有时竟比海王星距离太阳还要近。

无论冥王星该不该算大行星，这颗受尽委屈的行星给我们带来了行星的新定义——"行星"指的是围绕太阳运转、自身引力足以克服其刚体力而使天体呈圆球状、能够清除其轨道附近其他物体的天体。

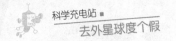
9
名副其实阋神星

自从1930年冥王星被发现以后，"搜寻太阳系第十大行星"就成为天文学的热门课题。一些天文类的科普书也专门探讨太阳系是否存在第十大行星。一些科学家坚信第十大行星是存在的，并称之为"X行星"。

在公众的期盼中，2003年，一颗新的行星被发现了，它被命名为塞德娜，这是因纽特人传说中造物女神的名字。发现者原本期待它能够获得"太阳系第十大行星"的称号，但后来大家发现，塞德娜比冥王星还要小，因此它失去了被称为"大行星"的资格。

2005年7月29日，塞德娜的发现者迈克·布朗对外宣布，他发现了第十大行星。天文学家们给了这颗新发现的天体一个编号：2003-UB313，因为它的观测数据是2003年获得的。布朗及其同事暂时用电视剧《战神齐娜公主》的主人公齐娜的名字为其命名，齐娜在英文中写作"Xena"，布朗最得意的是这一名字的缩写"X"正可指代第十大行星。

如今齐娜的正式名称已改叫厄里斯，这是古希腊神话中不和女神的名字，中文按意译称为"阋神星"。同时，厄里斯的卫星，原本被临时命名为加布里埃尔的，也被正式定名为底斯诺弥亚，这一名称来自厄里斯的女儿违约女神。

关于阋神星的一切，目前的了解还十分有限。刚发现时，人们认为它比冥王星要大，但2010年11月6日，对阋神星掩星的初步测定结果显示，其直径约2 326千米，和冥王星大小相当；据估计，其质量约为地球质量的0.27%，比冥王星重约27%，不过人们仍把它算作太阳系中最大的矮行星。阋神星的公转周期为557年，其轨道极为倾斜，被发现时位于距离太阳97个天文单位远的位置。

阋神星可谓是名副其实的"不和女神"。在古希腊神话里，正是这位女神，无端从天上扔下个金苹果，挑起了众女神的纷争，终于导致了特洛伊战争的爆发。而在现实中，厄里斯点燃了"什么是行星"的争论，并终于推翻了过去的天文学家们对太阳系天体的分类，连累冥王星也失去了大行星的资格。2006年8月24日，国际天文学联合会重新对太阳系内天体分类后，新增加了一组独立天体，称为"矮行星"，天文学家对其的定义仍有争论，但对矮行星的描述共有4条，分别为：

（1）以轨道绕着太阳的天体。

（2）有足够的质量以自身的重力克服固体应力，使其达到流体静力学平衡的形状（几乎是球形的）。

（3）未能清除在近似轨道上的其他小天体。

（4）不是行星的卫星，或是其他非恒星的天体。

同日，国际天文学联合会将5颗太阳系天体划为矮行星，即冥王星、阅神星、原为1号小行星的谷神星，以及鸟神星和妊神星。

▷ 阋神星及其卫星

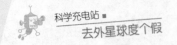

10 尴尬的谷神星

　　1766年，德国的中学数学教师提丢斯找到一个数列：0.4，0.7，1，1.6，2.8，5.2，10，19.6，……当时天王星尚未发现，人们以为土星轨道就已是太阳系边界，提丢斯发觉，以天文单位衡量，这组数与已发现的六大行星到太阳的距离有着一定的对应关系。天文学家波德于1772年公布了这一发现，这一数列从此被称为提丢斯—波德定则，赫歇尔发现天王星之后，人们就对这一定则深信不疑了。根据这一定则，在距离太阳2.8个天文单位处也应该有一颗行星，于是许多天文学家投入寻找新行星的工作中。

　　1801年元旦，意大利天文学家皮亚齐在这一位置上发现了一颗新的、非常小的星星，年轻的数学家高斯计算出了它的轨道，它就是谷神星。由于它的体积比其他大行星小很多，赫歇尔将其称为"小行星"。

△ 谷神星

　　小行星是太阳系内类似行星环绕太阳运动，但体积和质量比行星小得多的天体。在天文学中，它们被规定为沿椭圆轨道绕日由不易挥发气体和尘埃组成的小天体。至今为止，在太阳系内一共已经发现了约70万颗小行星，但这可能仅是所有小行星中的一小部分，据估计，小行星的数目应该有数百万，太阳系内有许多小行

星轨道在火星和木星之间，这一小行星大量集聚的区域被称作"小行星带"。在海王星轨道外也有不少小行星，这一区域称为"柯伊伯带"。

谷神星自发现以来归类已改变过很多次，都是因天文学家们意见不合造成的。起初它被作为一颗正常的行星，名列天文书、表；在赫歇尔创造出"小行星"这一称呼后，它又被编为"小行星1号"；2006年，关于冥王星是不是"行星"的辩论，引发了谷神星是否也应被重新归类为行星的问题，按照国际天文学联合会最初给出的定义，谷神星应该算一颗行星，但到8月24日，行星的定义里增加了"必须将邻近轨道上的天体清除"这一项，谷神星因不符合标准，而被划归为矮行星一列。

然而，谷神星的尴尬遭遇至此并没有结束。2008年6月11日，国际天文联合会延续扩展2006年行星重定义目录中的天体，提出"类冥天体"这一名称，冥王星被认可是海王星外天体中新类型的原型，与谷神星同属矮行星的冥王星、阋神星、鸟神星和妊神星都被归为类冥天体，只有谷神星不知何去何从。

在第26届天文学大会中，天文学家将太阳系的天体归类为三种类别：行星、矮行星和太阳系小天体，以此代替早先的分类。这个决议将小行星、外海王星天体和彗星都视为太阳系小天体，由此得出的进一步结论是：尽管已经被归类为矮行星，谷神星仍将继续做最大的小行星，冥王星和阋神星也依然是外海王星天体。

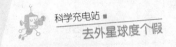

11
破碎的法厄同

　　继1801年皮亚齐发现谷神星，1802年，天文学家奥伯斯在同一区域内又发现另一小行星，随后命名为智神星。1807年，依然是在这一区域内，婚神星和灶神星相继被发现。天王星的发现者威廉·赫歇尔将它们统一归为小行星。1845年，第五颗小行星义神星被发现，此后，小行星被发现的速度急剧增长。目前，在太阳系内一共发现了约70万颗小行星，天文学家们估计，这是所有小行星中的一小部分。它们绝大部分处于距离太阳约2.17～3.64天文单位的空间区域内，形成了小行星带。

　　小行星带是太阳系内介于火星和木星轨道之间的小行星密集区域，98.5%的小行星都是在此处被发现的，天文学家们估计，这一区域内的小行星数量多达50万颗，这个区域因此被称为主带，通常称为小行星带。

　　早在智神星被发现之时，威廉·赫歇尔就指出：新发现的这两颗天体，是一颗行星被毁坏后的残余物。之后，有人完善了赫歇尔的观点，认为小行星带是太阳系第十大行星爆炸后形成的——这一假说

△ 小行星带

问世时，冥王星还被视作太阳系第九大行星。这一假说可以同时解释"太阳系为何没有第十大行星"和"小行星带的形成"两个问题，因而受到欢迎，于是人们将那颗理论中的破碎行星命名为"法厄同"，

这是古希腊神话中阿波罗之子的名字。

然而，目前的主流观点则认为，这一区域从一开始就未能形成一颗真正的大行星。

某些太阳系演化理论认为，在太阳系形成的初期，太阳赤道面附近的粒子团由于自吸引而收缩形成非常细小的星子，它们是形成行星的原料。

小行星带就是由原始太阳星云中的一群星子形成的，木星的重力影响，阻碍了这些星子形成行星，造成许多星子相互碰撞，并形成许多残骸和碎片。

虽然小行星带的形成之谜至今未能破解。但越来越多的天文学家认为，小行星记载着太阳系行星形成初期的信息。因此，小行星的起源是研究太阳系起源问题中重要的和不可分割的一环。

人们通过研究小行星的光谱发展出了分类系统，常见的三类为C-型（碳质）、S-型（硅酸盐）和M-型（金属）。目前的小行星带包含两种主要类型的小行星。在小行星带的外缘，靠近木星轨道的，以富含碳值的C-型小行星为主；靠近内侧的部分，距离太阳2.5天文单位，以含硅的S-型小行星较为常见；而在主带内的M-型小行星，主要分布在半长径2.7天文单位的轨道上。小行星已经被建议作为未来的地球资源来使用，作为罕见原料的采矿场，或是太空休憩站的修建材料。

一些近地小行星，即轨道与地球轨道相交的家伙们，有可能在未来与地球相撞。各国天文学家高度重视，并密切监视着它们。

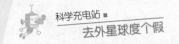
12
海外居民

2006年，国际天文学联合会颁布了太阳系天体的新划分标准，对太阳系内天体做了重新分类，新增了"矮行星"这一分类，按照新的分类标准，太阳系的家族成员包括太阳、八大行星、矮行星们和太阳系小天体。太阳系小天体包括小行星、彗星和外海王星天体，至于流星体是否属于太阳系小天体，国际天文学联合会暂时还没有给出明确的规定，行星际物质则根本没有提到。

行星际物质是充斥于太阳系空间中的微小物质，包括行星际尘埃和行星际气体。广义的行星际物质还包括行星际磁场、宇宙线和各种电磁辐射。在传统的太阳系天体分类标准里，行星际物质是单独的一类，而新的划分标准目前尚不完善，这一类别暂时没有归属。

在这次国际天文学联合大会上，"外海王星天体"这一名词诞生，海王星轨道因此成为一个衡量标准。

△ 妊神星及卫星想象图

外海王星天体也叫"海王星外天体"，简称"海外天体"，指太阳系中所在位置或运行轨道超出海王星轨道范围的天体。海王星外的太阳系由内而外可再区分柯伊伯带及奥尔特云区带，而海外居民们大体上包括柯伊伯带、黄道离散天体和奥尔特云。

海外居民中以类冥天体最为令人瞩目，冥王星等5颗矮行星，除了谷神星外都在此列。它们也是柯伊伯带的成员。

柯伊伯带的全称为艾吉沃斯—柯伊伯带，位于太阳系的尽头，距离太阳40~50个天文单位。这里满布着大大小小的冰封物体，它们来自环绕着太阳的原行星盘碎片，因为未能成功地结合成行星，因而形成较小的天体。柯伊伯带也是短周期彗星的来源地。1992年，人们找到了第一个柯伊伯带天体；如今已有约1 000个柯伊伯带天体被发现，直径从数千米到上千千米不等。

太阳系最远的区域称为离散盘，其最内侧的部分与柯伊伯带重叠，它的外缘向外伸展并比一般的柯伊伯带天体远离了黄道的上下方。黄道离散天体就在离散盘内零星散布着，主要是由冰组成的小行星，它们是范围更广阔的海王星外天体的一部分。著名的阋神星就是一颗黄道离散天体，因为它的轨道与黄道面呈45°夹角；同时，它也是一颗类冥天体。

奥尔特云是海外天体中的另一大类。这是一个假想的球状云团，存在于距离太阳50 000到100 000个天文单位的宇宙空间里，包围着整个太阳系。它是彗星们的发源地，不少彗星就是从这里出发，进入内太阳系的。

驻扎在奥尔特云区带内的不仅有彗星，还有一些小行星，2003年发现的小行星塞德娜，位于柯伊伯带和奥尔特云之间，被一些天文学家看作奥尔特云天体。

"海外居民"们数量庞大，目前还有一些没获得分类证，如1997CR29、1998SN165等小天体。

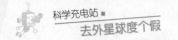

13 彗星

　　彗星，我国古代民间称为"扫帚星"，也属于太阳系小天体，是我们太阳系中比较特殊的成员。它沿着非常扁的椭圆轨道环绕太阳运行。其结构比较复杂，中间密集而明亮的固体部分叫"彗核"，是由冰冻着的各种杂质、尘埃组成的，彗核的周围被云雾状的物质包围着，这些物质叫作"彗发"。彗核和彗发合成彗头，有的彗星还有彗云。

　　在远离太阳时，彗星只是个云雾状的小斑点；而在靠近太阳时，由于温度升高，组成彗星的凝固体蒸发、汽化，进而膨胀，有时甚至会喷发，这就产生了彗尾。彗尾是由气体和尘埃组成的。彗尾体积极大，可长达上亿千米。它形状各异，有的还不止一条，一般总向背离太阳的方向延伸，且越靠近太阳，彗尾就越长。在地球上观测，多数彗星看起来状如扫帚，因此彗星就有了"扫帚星"这么一个别称。并不是所有的彗星都有彗核、彗发、彗尾等结构。

△ 彗星

　　彗星没有固定的体积，它在远离太阳时，体积很小；接近太阳时，彗发变得越来越大，彗尾变长，体积变得十分巨大。彗尾最长竟可超过2亿千米。

　　彗星是个"脏雪球"。它的质量非常小，彗核的平均密度为每立方厘米1克。彗发和彗尾的物质极为稀薄，其质量只占总质量的1%~5%，甚至更小。彗星物质主要由水、氨、甲烷、氰、氮、二氧化碳等组成，而彗核则由凝结成冰的水、干冰、氨和尘埃微粒混杂组成。

　　彗星绕太阳运行的轨道一般分为三类：椭圆、抛物线、双曲线。轨道为椭圆的彗星能定期回到太阳身边，称为周期彗星；轨道为抛物线或双曲线的彗星，终生只能接近太阳一次，称为非周期彗星。周期彗星又分两种，围绕太阳公转的周期短于200年的彗星叫短周期彗星，公转周期超过200年的叫长周期彗星。

在古代，无论是东方还是西方，都把彗星的出现看成极为不吉利的事，认为彗星是能够引发举世恐慌的灾星。因此人们对它们非常重视，每当彗星出现，都会认真观测记录。我国古代的彗星记录十分全面，从商朝到清代末年，保留的彗星记录在360次以上，其中哈雷彗星的记录就多达32次。西方学者经常要依靠我国古代的典籍文献来推算彗星的运行轨道和周期，以断定某些彗星的回归复见。

"恐龙为什么会灭绝"是"世界难解之谜"中的一个，一些科学家们认为，恐龙的灭绝是彗星惹的祸。1994年苏梅克—列维彗星撞击木星，曾引起全世界轰动，也给了人们一个重要警示：如果有朝一日彗星撞上了地球，地球的环境将遭受严重破坏，届时地球上所有的生物都可能如恐龙一样，不可避免地走上灭绝之路。因此众多的科学家和天文爱好者都在密切注意太空，寻找和观测着彗星。

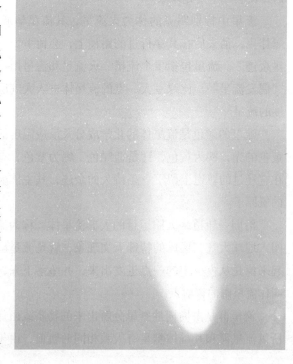

海尔—波普彗星 ▷

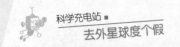

14
流星和流星雨

流星是指运行在星际空间的流星体在接近地球时由于受到地球引力的摄动而被地球吸引，从而进入地球大气层，并与大气摩擦燃烧所产生的光迹。造成流星现象的微粒称为流星体。

流星和流星体是两个不同的概念。流星体是环绕太阳运行的微小天体，通常包括宇宙尘粒和固体块等空间物质，其轨道千差万别。流星体闯入地球大气时与大量的空气分子相碰撞，其外层微粒被撞离母体。在碰撞的过程中，一些空气分子发生电离。被离解的电子再次被原子俘获时，便会产生发光现象。

流星中特别明亮的称为火流星，其流星体质量较大，出现时偶有爆炸声，消失后在其穿行过的路径上，会留下云雾状的长带，称为"流星余迹"。流星包括单个流星、火流星和流星雨三种，单个的流星又叫"偶发流星"。比绿豆大一点的流星体进入大气层就能形成肉眼可见亮度的流星。

流星的颜色是流星体的化学成分及反应温度的体现：钠原子发出橘黄色的光，铁为黄色，镁是蓝绿色，钙为紫色，硅是红色，也有些流星在它经过的轨道上留下一条持久的余迹，其主体颜色多为绿色，是中性的氧原子。

沿同一轨道绕太阳运行的大群流星体，称为流星群。一大群流星体闯入地球大气，形成的特殊天文现象，就是流星雨。这些成群的流星看起来像是从夜空中的一点迸发出来，并坠落下来，这一点或一小块天区叫作流星雨的辐射点。

流星群是由周期性彗星分解出来的物质或由瓦解了的彗核形成的，所以流星群和其母体彗星有大致相同的轨道，由于流星群的轨道通常都

△ 流星

是固定的，所以地球会周期性地穿越这些流星群，形成固定出现的流星雨。为区别来自不同方向的流星雨，通常以流星雨辐射点所在天区的星座给流星雨命名。例如每年11月18日前后出现的流星雨辐射点在狮子座中，就被命名为狮子座流星雨，还有每年4月份出现的"天琴座流星雨"、12月出现的"双子座流星雨"等。

　　大部分流星体在进入大气层后都汽化殆尽，只有少数大而结构坚实的流星体才能因燃烧未尽而有剩余固体物质降落到地面，这就是陨星，人们经常也称其为"陨石"。陨石中含有多种矿物岩石，如果其中的主要成分为铁元素，则称为陨铁，近年来还发现陨石中存在有机物。

　　陨石有时候会在空中形成爆炸，变成许许多多大小不等的陨石群，1976年3月8日，在我国吉林省吉林市郊外就下过一场陨石雨。有些时候，彗星的气尘快速穿过大气层，也能发光发亮，形成流星，但这些气尘太过微小，在空中就已燃烧殆尽，而不会留下陨石。目前地球上最大的陨石是吉林市的一号大陨石，重达1 770千克；最大的陨铁降落在非洲，有60吨重。

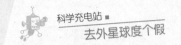
15 奥尔特云

"彗星从哪里来"，是一个长期困扰天文学家的问题。为了解决这一问题，天文学家们对彗星的运行轨道进行统计分析，计算出它们在受大行星引力摄动前的轨道是什么样子，以从中寻找规律。1950年，荷兰天文学家奥尔特对41颗长周期彗星的原始轨道进行统计后，提出一个假说：在冥王星轨道外面存在着一个硕大无比的"冰库"，或说是一个巨大的"云团"，它一直延伸到离太阳约22亿千米远的地方，太阳系里所有的彗星都来自这个云团。后来，人们把这些假想的彗星云团称作"奥尔特云"。

20世纪80年代初，研究者们开始修正奥尔特的理论。目前的理论概述为：奥尔特云与太阳之间的距离有差不多1光年。它是分布在距离太阳50 000到100 000个天文单位的宇宙空间里、包围着太阳系的球体云团，可能包含数以兆计的彗星。从太阳邻近区域路过的恒星对原始彗星的扰动，使质量小的彗星离开彗星云，有些奔向太阳，也有些离开了太阳系；多数彗星在向太阳进发时是沿着双曲线或抛物线轨道的，某些彗星与大行星相遇时轨道受到摄动，变成椭圆形轨道，由非周期彗星变成新的周期彗星。

研究者们认为，奥尔特星云浮游在太阳系边缘，极易受附近恒星引力作用的影响。可是由于彗星太小，距离地球太远，所以尚未发现直接证据证明奥尔特云的存在。不过从观测到的彗星的椭圆轨道，推测出不少彗星都是从奥尔特云进入内太阳系的，某些短周期的彗星可能来自柯伊伯带。

关于奥尔特云的形成，科学界有几种不同的说法。近年来，天文学家们认为，太阳及八大行星诞生于原始星云，其残余物质就形成了奥尔特云。更有说服力的一种说法是这样的：组成奥尔特云的物质原本是在比柯伊伯带更接近太阳的地区形成的，经常受到木星等气行星的引力影响，后来被气行星们驱逐出了太阳系内部，散布于太阳系最外层。这一过程导致它们拥有了很扁的椭圆轨道或抛物线轨道，并且偏离了黄道面，使得奥尔特云呈球状形态。一些较远的天体又受到附近的恒星摄动，轨道变得更圆，并能长期处于距太阳较远处。而远离八大行星的物体由于没有受到大行星的影响，散布于接近黄道面的盘状区中，形成柯伊伯带。

1958年，美国一些天文学家认为在太阳系内还存在着另一个彗星仓库，即所谓的"柯伊伯彗星带"。这个环状的彗星带离海王星轨道不远，估计带内至少有几千颗彗星。

不管是奥尔特云还是柯伊伯带，都是彗星起源的一种假说，还没有得到最后证实。天文学家比较一致的看法是，彗星是太阳系创生过程中的一种天然副产品，其从原始太阳星云中形成的时期，基本上与太阳、行星形成的时期相同。

△ 假想的奥尔特云

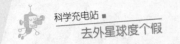
16
碰撞出的生命

关于地球生命的起源，在科学界争论已久。传统理论认为，地球上的一切生命，包括人类在内，都起源于地球。19世纪前广泛流行的"自然发生说"提出，生命是从无生命物质自然发生的。"化学起源说"是被广大学者普遍接受的生命起源假说。这一假说认为，地球上的生命是在地球温度逐步下降以后，在极其漫长的时间内，由非生命物质经过极其复杂的化学过程，一步一步地演变而成的；35亿年前岩石形成时期的一种单细胞细菌是人类的祖先。

1953年，美国大学生唐来·米勒的实验证明，生命的单位氨基酸能从几种简单的化合物中得到，从而使生命的"地球产生说"几乎成了定论。但近15年的研究发现，由于地球原始大气与之前估计的不同，氨基酸很难在原始条件下合成。这一说法受到了质疑。

"宇宙生命论"认为，地球上最初的生命来自宇宙间的其他星球。宇宙太空中的"生命胚种"可以随着陨石或其他途径跌落在地球表面，即成为最初的生命起

△ 单细胞细菌

点。但对于"宇宙中的生命又是怎样起源的"，这一假说并未能做出明确的解释。

生命起源"宇生说"则认为，地球上最早的生命或构成生命的有机物，来自于其他宇宙星球或星际尘埃。某些微生物孢子可以附着在星际尘埃颗粒上而落入地球，从而使地球有了初始的生命。1969年9月28日，科学家发现，坠落在澳大利亚麦启逊镇的一颗炭质陨石中就含有18种氨基酸，其中6种是构成生物的蛋白质分子所必需的。科学研究表明，一些有机分子如氨基酸、嘌呤、嘧啶等分子可以在星际尘埃的表面产生，这些有机分子可能由彗星或其陨石带到地球上，并在地球上演变为原始的生命。

也就是说，正是由于有了彗星的撞击，地球上才出现了生命。彗星撞击地球，不仅会带来毁灭，还有可能传播生命。

△ 巨大的陨石坑

科学家们经过实验证明，数十亿年前，在离木星不远处形成的彗星含有的水和地球上海洋里的水是一样的。含有固态水的彗星坠落到地球上，为地球带来了丰富的水，这些水中包含有机分子。同时，这种彗星落到地球上时像是雪球，其对地球的撞击是软撞击，受到破坏的只是大气层的上层，而且撞击时释放出来的有机分子没有受到损害，这样就为地球上的生命演化提供了条件。而彗星中包含的有机分子，是在太空中生成的，称为"星际有机分子"。截至20世纪90年代，科学家已经陆续发现了超过100种星际分子，其中大部分是有机分子。

关于地球生命的起源，至今仍在争论中，不过，越来越多的证据表明，地球生命绝不是宇宙中独一无二的现象。

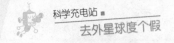
17 "复仇女神"存在吗

在海王星发现后不久，天文学家们发现，天王星和海王星的运行轨道与理论计算值不符，于是设想在外层空间可能另有一个天体，其引力干扰了天王星和海王星的运动。同时，古生物学家们在做研究时，发现地球上出现生物大灭绝的时间是有周期性的，大约2 600万年一次。为了解释这种现象，1984年，美国物理学家穆勒提出太阳存在着一颗伴星的假说。另外的两位天体物理学者维特密利和杰克逊在这同时，也独立地提出了几乎完全相同的假说。

在天文学上，两颗以上的星星因彼此引力而互绕运行时称为连星，其中较亮的星称为主星，较暗的星称为伴星。宇宙中存在众多的双星，而单个的恒星反而较为稀少。假想中的太阳伴星被命名为"涅墨西斯"，这是古希腊神话中复仇女神的名字。根据科学家的推测，涅墨西斯的近日点为1光年，远日点则为3光年，距离太阳50 000至100 000个天文单位，公转周期为2 600万年。它非常黯淡，可能是一颗褐矮星或红矮星。

涅墨西斯对于地球上的生物有着近乎毁灭性的影响。穆勒认为，它在经过奥尔特云带时，干扰了彗星的轨道，使数以百万计的彗星进入内太阳系，大大增加了与地球发生碰撞的机会。地球上生物的周期性大灭绝就是遭受彗星周期性轰击的结果，而起因却是太阳的伴星在作祟，6 500万年前恐龙的灭绝，它就是罪魁祸首。

路易斯安那大学的天文学家约翰·马特斯、帕特里克·威特曼和丹尼尔·威特米尔等人在研究了82颗来自遥远的奥尔特云的彗星轨道后发现，这些彗星的运行轨道似乎都受到一个位于太阳系边缘、冥王星之外的巨型天体的引力影响，使它们的轨道都沿着一条带状分布排列，它们到达近日点的时间也会发生周期性变化。这似乎证实了"复仇女神"的存在；也有些天文学家认为，位于冥王星外的巨型天体有可能是一颗行星。不过，马特斯和威特曼也指出：周期性大灭绝的原因并不一定是太阳存在伴星，并提出可能是因为太阳系在银河系平面上下摆动，并会摄动内奥尔特云，其影响与伴星存在的假设相似，但其上下摆动周期仍有待观测。

无论是恒星还是巨型行星，至今都没有发现它们的身影，也没有发现任何更为可靠的证据证明太阳确实有伴星。唯一被认为可以成为一条线索的，是行星塞德娜，它的运行轨道偏心率极大，近日点和远日点分别为76天文单位和975天文单位。这颗恒星很可能在太阳和涅墨西斯之间摇摆不定。

1985年，美国学者德尔斯莫经过计算宣布，涅墨西斯的轨道应该与黄道几乎垂直，它目前应该接近其远日点，方向应该是离开黄极5°左右。

△ 双星系统

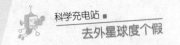

18
太阳系起源

太阳系到底是何时、以什么方式形成的？它是由什么物质组成的？天文学家们对这些问题关注已久。

人类对太阳系起源的研究，可以追溯到17世纪中叶。迄今已有四十余种学说出台，且都有一定的观测事实作为依据，但还没有一种学说获得百分之百的认可。

第一种较为科学的理论是德国思想家康德于1755年提出的"星云说"。他在匿名发表的《自然通史和天体论》中对此做了详细阐述，但这一观点并未引起世人注意。1796年，法国数学和力学家拉普拉斯在《宇宙体系论》一书的附录中，提出另一种星云说。由于他在学术上的声望，这一学说得到广泛的传播。康德和拉普拉斯的两种星云说有许多不同之处，但他们都认为太阳系的各天体是由同一个原始星云形成的。

随着海王星和小行星等太阳系天体的发现，人们认识到了"星云说"的缺陷，最关键的是它无法解释太阳系角动量特殊分布等问题，于是各种灾变说开始盛行。1900年，美国地质学家张伯伦和天文学家摩尔顿合作提出了"星子说"；1916年，英国天文学家金斯提出"潮汐说"，而杰弗里斯提出了"碰撞说"；1935年，美国天文学家罗素提出"双星说"；1946年，英国天文学家霍伊尔提出了"超新星说"……这些灾变说后来基本上都被否定了。

1944年，苏联地球物理学家施米特提出了"俘获说"，此后，爱尔兰的埃奇沃思、英国的彭德雷和威廉斯、印度的米特拉各自提出了不同的俘获说。在此之前的1942年，瑞典天体物理学家阿尔文曾提出另一种俘获说，通常也被称作"电磁说"。这些学说的共同点都是认为太阳从恒星际空间俘获物质，形成原行星云，后来演变成行星。

　　1944年，德国物理学家魏茨泽克提出"旋涡说"，认为太阳形成后，被一团气体尘埃云环绕着，云因转动而变为扁盘，盘中出现湍流，形成旋涡的规则排列。

　　关于太阳系的形成，目前为天文学家们广泛接受的是"现代星云说"：在大约46亿年前，整个太阳系由同一原始星云形成。原始星云因自转而变成盘状，与此同时，它因自身的引力而收缩，星云盘中心因收缩而形成原始太阳。星云盘除了气体，还有约1%的尘埃，这些尘埃穿过星云，堆积到一个很薄的物质盘上；物质盘由于引力不稳定而碎裂，瓦解为许多团，各团收缩成固体块，称为"星子"，星子最后集聚成为行星。太阳附近温度较高，只有难熔的类岩物质留存下来，因而形成小而重的内行星；在较冷的外区，易挥发气体和冰状物得以凝结，形成大而轻的外行星。当年轻的太阳开始产生能量，太阳风将原行星盘中的物质吹入行星际空间，行星的成长就结束了。

△ 艺术家绘制的原行星盘

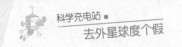
四　璀璨银河

1
宇宙之光

　　我们的太阳是一颗普通的恒星，它是银河系众多恒星中的一员。在天文学中，所谓恒星，是指在宇宙中相对于某参照星位而言，位置相对不变的发光发热的由灼热气体组成的球状或类球状天体。星系一词源自希腊文中的galaxias，是由几十亿至数千亿颗恒星、星际气体和尘埃构成，占据几千光年到几十万光年的空间的天体系统。银河系就是一个由几千亿颗恒星组成的普通星系。银河系以外的星系称为"河外星系"，一般简称为"星系"。

　　星系是宇宙的基本构件，恒星之间的引力吸引将星系保持为一个整体。在星系的内部和外围还可能存在着看不见的或隐藏着的质量。

　　1926年哈勃提出星系形态分类法，按照这种分类方法，星

△ 漩涡星系M81

系可分为椭圆星系、螺旋星系、透镜星系和不规则星系。这一分类法叫"哈勃序列"，由于它的图形表示法很像音叉的形状，所以也常被称为"哈勃音叉图"。直到今天，哈勃序列仍是最常用的星系分类法。

星系大小差异很大。椭圆星系直径在3 300光年到49万光年之间；漩涡星系直径在1.6万光年到16万光年之间；不规则星系直径大约在6 500光年到2.9万光年之间。

椭圆星系的外形呈圆球形或椭球形，中心亮，边缘渐暗；星系中恒星的运动是以不规则的运动为主，且恒星多是年老的，年轻的恒星很少，疏散星团的数量也不多。较大的椭圆星系，都有以老年恒星为主的球状星团，因此被称为"老人国"的星系。椭圆星系看起来通常是黄色或红色，与发出淡蓝色调的螺旋星系有很大差异。

螺旋星系是由大量气体、尘埃和又热又亮的恒星所形成，有旋臂结构的扁平状星系。它的核球类似椭圆星系，有许多处于老年属于第二星族的恒星，并且通常会有超重黑洞隐藏在中心；中心区域为透镜状，周围围绕着扁平的圆盘；其星系盘是扁平的，伴随着星际物质、年轻的第一星族恒星和疏散星团，共同绕着核球旋转。螺旋星系的名称来自由核球向外成对数螺旋在星系盘内延展，并有恒星形成的明亮螺旋臂，可分为正常漩涡星系和棒旋星系两种。我们所在的银河系就是一个棒旋星系。

透镜星系的核球类似椭圆星系，有延伸的碟状结构环绕着，星系盘没有可看见的螺旋结构，也没有有意义的恒星形成活动。在哈勃序列分类刚被推出时，它还是被假设存在的星系。

有些星系因为没有规律的结构，因此未能归类在哈勃序列的分类中。

有关星系形成的理论，主要有两种意见，一种认为，星系乃由一次宇宙大爆炸形成，发生在数亿年前。另一个学说则是指：原本宇宙有大量的球状星团，后来这些星体相互碰撞而毁灭，剩下微尘，微尘经过组合形成星系。

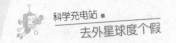
2 天上星河

在夏秋两季的晴朗之夜，可以看到无月的天空中有一条白茫茫的光带，亮度比较均匀，形状不甚规则，这条光带，古代中国人称之为"银河"。它还有着"天河"的别称，在中国古人的印象中，"天河"指的是天上的黄河。

由于《史记·天官书》等著作对银河几乎没有介绍，中国古人对银河的研究，我们不得而知。1609年，伽利略首先用自制的望远镜观测银河，发现银河是由无数恒星组成的，这一发现证明，古希腊的毕达格拉斯和德谟克利特所提出的观点是正确的。

在北半球观测，可以看到银河从天鹰座先向西北，经过天箭座、狐狸座、天鹅座、仙王座、仙后座，再折向东南，穿过英仙座、御夫座、金牛座、双子座、猎户座，纵贯天球赤道上的麒麟座，进入南半天的大犬座、船尾座、船帆座，又折向西北，横过船底座、南十字座、半人马座、圆规座、矩尺座、天蝎座、人马座和盾牌座。银河经过23个星座，周天一圈后又回到天鹰座。不过由于当前城市光污染严重，空气质量也比较差，导致能见度降低，银河已变得难得一见。

对银河系的真正认识是从近代开始的。1750年，英国天文学家赖特认为银河系是扁平的。1755年，康德指出，恒星和银河之间可能会组成一个巨大的天体系统；随后的德国数学家郎伯特也提出了类似的假设。1785年，赫歇尔绘出了银河系的扁平形体，并认为太阳系位于银河的中心。

20世纪初，天文学家把以银河为表观现象的恒星系统称为银河系。1917年，美国天文学家哈罗·沙普利在研究球状星团立体分布的基础上，描绘出了银河系真正的大小和轮廓。

银河系是一个由2 000多亿颗恒星、数千个星团和星云组成的盘状恒星系统,其直径约为10万光年,中心厚度约为12 000光年。太阳系属于这个庞大家族的恒星成员之一,而我们居住的地球属于太阳系的一颗行星。太阳位于距离银河系的中心大约2.7万光年处,绕银河系中心运行一周大约需要2.3亿个地球年的时间。太阳在轨道上绕银河系中心公转一周的时间称为1"银河年",也叫1"宇宙年"。

过去人们认为银河系是一个旋涡星系,但最新的研究指出,银河系实际上是一个棒旋星系。20世纪50年代射电天文学诞生后,人们勾画出银河系的旋涡结构,发现银河系有四条旋臂,分别是矩尺、人马—盾牌、半人马与英仙等旋臂,太阳系介于半人马与英仙的次旋臂猎户臂中,正处于科学家们常说的"银河生命带"中。但根据2008年美国天文学家提供的最新消息,银河系其实只有两个主旋臂,另外的两个尚处于未形成阶段。

△ 银河系

3
银河系的建筑风格

不少天文学家认为，在所有的星系中，旋涡星系是最为美丽的。自1845年人们发现第一个旋涡星系以来，被记录在案的旋涡星系已达数千个，而直到1951年，我们的银河系才被证明也属于这个美丽群体的一员。

银河系属于旋涡星系这一说法在很早以前就被提出来了。早在1852年，即罗斯勋爵看到M51星云的旋涡形态后7年，美国天文学家斯蒂芬·亚历山大就认为，银河系也是一个旋涡星系。但是，由于我们自己就身处这个庞大的星系中，想要透过诸多的恒星去看清它的旋臂，有极大的困难，所以这一观点始终难以得到证实。

借助天文学家巴德对仙女座星系的研究，20世纪50年代美国天文学家威廉·摩根利用超巨星的分布，描绘出太阳附近三段平行的旋臂。这些旋臂按照主要臂段所在方向的星座命名。太阳位于一个臂的内

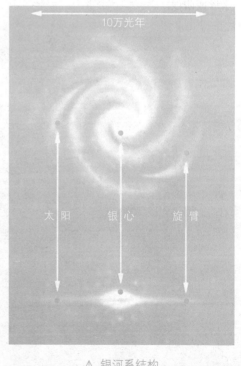

10万光年

太阳　　银心　　旋臂

△ 银河系结构

边侧，这个臂现在叫"猎户臂"，从天鹅座延伸到麒麟座；平行于猎户臂的是英仙臂，距离银河系的中心大约7 000余光年；第三个旋臂通过人马座，比猎户臂更靠近银河系中心。这些旋臂的存在使银河系的旋涡结构得到了确认。

由于射电天文和红外天文的发展，大大增加了人们对银河系结构的了解。现在人们知道，银河系由核球、银盘、旋臂、银晕和银冕等部分组成。

银河的主体和体育运动中使用的铁饼比较相似，是个扁球体，扁球体中间突出的部分叫"核球"，半径约为7 000光年。核球的中部叫"银核"，四周叫"银盘"。银盘的直径约为8万光年，这里集中了银河系90%的物质，恒星很密集，还有各种星际介质和星云及星团，其物质分布呈旋涡状结构，即分布在几条螺旋形的旋臂中。旋臂主要由星际物质构成。

除了核球和银盘以外，银河系还有一个很大的晕，称为银晕。银晕中的恒星很稀少，球状星团的球形分布勾画出了银晕的大小。在上个世纪末，许多天文学资料上都写着：银晕与银盘同心，直径为9.8万光年；银晕外存在着一个巨大的、大致是球形的射电辐射区，称为银冕，它至少可延伸到离银心32.6万光年处。但经过十多年的深入研究，现在的天文学资料是这么写的：银河的盘面被一个球状的银晕包围着，估计直径在250 000至400 000光年。由于盘面上的气体和尘埃会吸收部分波长的电磁波，所以银晕的组成结构还不清楚。

银河系的核心部分是一个很特别的地方，它发出很强的射电、红外线、X射线和γ射线辐射。天文学家们认为，那里可能有一个巨型黑洞，据估计其质量可能达到太阳质量的250万倍。

银河系也有自转。太阳系以每秒250千米速度围绕银河中心旋转，旋转一周约2.2亿年。

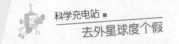
4 银河系内部空间

银河系这一巨大的恒星系统，包括有1 200亿颗恒星和大量的星团、星云，以及各种类型的星际气体和星际尘埃，它的总质量是太阳质量的1 400亿倍。在银河系里，大多数恒星集中在一个扁球状的空间范围内，这个范围就是银河系的内部空间。它包括核球、银盘和银晕。

银河系约有90%的物质集中在恒星内。恒星的种类繁多。按照恒星的物理性质、化学组成、空间分布和运动特征，恒星可以分为5个星族。最年轻的极端星族Ⅰ恒星主要分布在银盘里的旋臂上；最年老的极端星族Ⅱ恒星则主要分布在银晕里。恒星常聚集成团，目前在银河系内已发现了一千多个星团。银河系里还有气体和尘埃，其含量约占银河系总质量的10%，气体和尘埃的分布很不均匀，有的聚集为星云，有的散布在星际空间。

银河系的中心点称为"银心"，它是银河系自转轴与银盘对称平面的交点。"银心"这个词还有另一个含义，除作为一个几何点外，它还指银河系的中心区域。第一个研究银河系结构的是赫歇尔。1785年，他用恒星计数方法，得出银河系恒星分布为扁盘状、太阳位于盘面中心的结论。而在1917年，沙普利使用球状星团建立的银河系结构，其中心不是太阳，而趋向于人马座银河中的一点。

△ 银河系中心

银心与太阳系之间充斥着大量的星际尘埃，所以在北半球用光学望远镜难以在可见光波段看到银心。射电天文和红外观测技术兴起以后，人们才能透过星际尘埃，探测到银心的信息。自1990年以来，射电和红外天文学家已绘制出银心区的详细图像。被命名为"人马座A星"的强大射电源，有巨大的质量和紧密的结构，是银河系的真正中心。天文学家们怀疑，这是一个超大质量的黑洞。

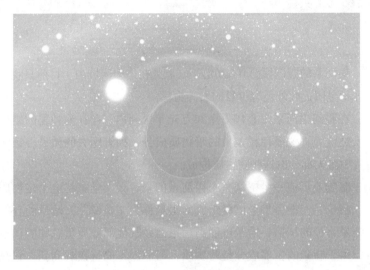

△ 银河系中心黑洞模拟图

2005年，中国科学院上海天文台沈志强研究员领衔的国际天文研究小组，在经过8年的研究后，找到了银河系中心人马座A星是超大质量黑洞的确凿证据。这一研究成果刊登在英国《自然》杂志上。该杂志评价说："这是天文学家第一次看到如此接近黑洞中心的区域，也终于找到了迄今为止最令人信服的证据，支持了'银河系中心存在超大质量黑洞'的观点。"

同年，科学家用斯皮策红外太空望远镜对银河系中心进行了一次全景式扫描，他们分析了扫描得到的数据后认为，银河系的中心是一个棒状结构，这个棒状体长约2.7万光年，所指的方向相对于太阳和银心连线之间的夹角约为45°，太阳至银河中心的距离大约是26 000光年。

2008年，科学家们通过观测围绕银心运行的28颗恒星，证实银心中的确存在着黑洞。这个名为人马座A星的巨型黑洞，质量是太阳的400万倍。

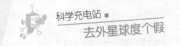
5 银河系的边疆

银河系的版图横跨100万光年以上，在边疆区域内，目前只观测到几个球状星团，此外还有少量的发光恒星。

在距离银河系中心10万至30万光年区间内，存在着神秘的结构，研究人员认为，这里存在大量的暗物质成分，拥有庞大的质量。银河系总质量中绝大部分由这些暗物质构成。

暗物质形成一个围绕整个银河系的晕，天文学家将这个暗物质晕称为"暗晕"，把由年老恒星组成的银晕称为"星晕"。暗晕的直径可能是银晕直径的10倍，质量可能高达银河系其他部分质量总和的10倍。不过，由于暗晕的主要成分是暗物质，目前尚不能直接观测到，它是根据一些实测结果间接地推测出来的，因而对于暗晕的大小、质量和性质都尚未有明确的定论。

暗晕最早是在其他旋涡状星系周围发现的。1969年美国的维拉·鲁宾和肯特·福特发现，仙女座星系外盘的恒星公转很快。后来又有人发现银河系也有同样的行为。在银河系中，银盘外区的恒星公转速度和太阳差不多，这说明银河系大部分质量没有集中在银盘边缘以内，而是在外面的暗晕之中。另外，高速运动的晕族恒星也表示银河系必须有大量暗物质才能束缚住它们。

因为轨道速度愈大，恒星愈远，轨道内的质量就愈大，天文学家由恒星绕银河系运动的速率，认为这些暗物质大多位于银河系的外区。另外，由太阳的速度和其与银心的距离来计算，银河系要控制住太阳，轨道内的质量必须有1 000亿个太阳质量，而银河系的总质量约10 000亿个太阳质量，那么90%的质量一定在太阳轨道以外，其中大部分位于暗晕之中。

　　最早提出证据并推断暗物质存在的科学家是美国加州工学院的瑞士天文学家弗里茨·兹威基。2006年，美国天文学家利用钱德拉X射线望远镜观测到星系碰撞的过程，星系团碰撞威力之猛，使得黑暗物质与正常物质分开，由此发现了暗物质存在的直接证据。

　　神秘的暗物质是银河系王国的支配者。正是暗物质促成了宇宙结构的构成，促成了星系、恒星和行星的产生。据科学家分析，我们通常所说的物质只占宇宙的4％，暗物质占宇宙的23％，另外73％属于更为神秘的导致宇宙加速膨胀的暗能量。由于暗晕占银河系质量的大部分，暗示大多数其他大型星系主要也由暗物质构成，如果暗物质在宇宙中够普遍，那么所有这些暗物质的引力总有一天会迫使宇宙停止膨胀而转为坍缩。

　　2007年7月，天文学家通过观测50亿年前正在撞击的两个星系团，发现了迄今为止最强有力的证据，证实了暗物质的存在。他们所发现的东西像是巨大的暗物质环，直径足有260万光年。

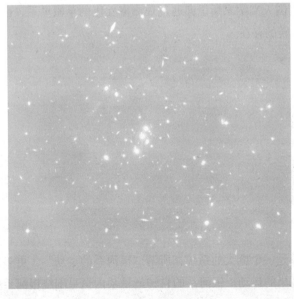

△ 暗物质环

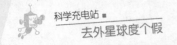
6
运动的银河系

宇宙间的天体都在运动着。地球在运动，太阳在运动，恒星在运动，整个银河系也一样在运动。银河系的自转速度约为250千米/秒，它自转一周称为一个银河年，相当于2.5亿个地球年。

银河系作为一个整体系统，除了自转以外，也在宇宙空间运动着。由于我们住在银河系里，无法直接观测到它在宇宙空间的运动，只能从一些河外星系相对于银河系的运动，来研究银河系自身的运动。

自从埃德温·哈勃发现其他星系以来，天文学家们就推断出，银河系是自转的。因为旋涡星系的外形显示出，它几乎肯定是在自转着。1927年，荷兰天文学家奥尔特最先证实了银河系的自转。而在此前的1913年，美国天文学家斯里弗通过观测室女座的草帽星系，已经证实了旋涡星系自转的存在。

◁ 草帽星系

银河系是一个庞大的系统，所谓"银河系的运动"，更多的指的是银河系内恒星的运动。银河系的自转就是系内恒星围绕银河系中心所做的旋转。正是通过观测系内恒星的运动，天文学家一步步弄清了银河系的运动规律。

1904年，著名天文学家卡普坦宣布了一个涉及银河系运动学的惊人结果：恒星倾向于朝着两个相反方向中的一个运动，形成卡普坦所谓的"星流"。这一现象后来由天文学家史瓦西给出了解释。1927年，瑞典的林德布拉德发表论文，认为"星流"是银河系自转的必然结果。

银河系除自转外，还参与了哈勃星系流的运动，即因宇宙膨胀导致的星系的普遍性退行运动。

如何测量银河系的运动速度是个大难题。根据爱因斯坦的狭义相对论，任何物体通过空间时的绝对速度是没有意义的，因为在太空中没有合适的惯性参考系统，可以作为测量银河速度的依据。1977年，美国的乔治·斯穆特等人，将微波探测器安装在U-2侦察机上面，确切地测到了宇宙微波背景辐射的偶极异向性，经过一系列计算，得出银河系核心的运动速度，约为600千米/秒。有鉴于此，许多天文学家相信银河以每秒600千米的速度相对于邻近被观测到的星系在运动，我们每天移动5 184万千米，每年移动189亿千米。

天文学家通过近年来的观测认为，编号M31的仙女座星系正以300千米/秒的速度朝向银河系运动，两者可能会在30亿年到40亿年后发生碰撞，并花上数十亿年的时间合并成椭圆星系。过去的数十年，天文学家们一直认为，仙女座星系比银河系要大，银河系在围绕仙女座星系运动，但最新的一项研究显示，银河系比仙女座星系更大、更重、旋转速度更快。如此，银河系与仙女座星系碰撞的时间可能比之前估计得早。

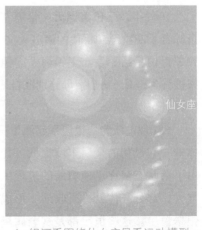

仙女座

△ 银河系围绕仙女座星系运动模型

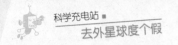

7
银河系的出生与成长

关于银河系的起源这一重大课题，时至今日仍然没有一个定论。对于这一课题的研究，不仅涉及一般星系的起源和演化，还关系到宇宙学。

星系是如何形成的，是天文物理学中最活跃的一个研究领域，并且继续延伸至星系演化的领域，而有些观念与看法已经被广泛地接受。

按大爆炸宇宙学假说，我们观测到的全部星系，都是130多亿年前高密态原始物质因密度发生起伏，出现引力不稳定和不断膨胀，逐步形成原星系，并演化为包括银河系在内的星系团的。而稳恒态宇宙模型假说则认为，星系是在高密态的原星系核心区连续形成的。

1962年，三位美国天文学家艾根、林登贝尔和桑德奇综合了20世纪50年代的诸多天文学发现，在研究了221颗邻近恒星后，发布了银河系起源的模型，这一理论后来被称为ESL，三个字母分别取自三位天文学家的姓氏首字母。

ESL理论认为：银河系起源于一个密度均匀的巨大气体球，它最初的金属丰度很低，并因引力作用而处于自由下落状态。在迅速坍缩的过程中，云的自转速度不断增大，部分气体云冷凝收缩，形成银河系首批恒星，即银晕恒星。这些恒星都是贫金属星。在气体向银心俯冲过程中，银晕恒星的爆发给气体云增加了金属；同时，气体云逐渐变为扁平状，形成一个由离心力支撑的盘结

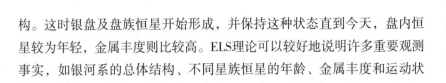

构。这时银盘及盘族恒星开始形成，并保持这种状态直到今天，盘内恒星较为年轻，金属丰度则比较高。ELS理论可以较好地说明许多重要观测事实，如银河系的总体结构、不同星族恒星的年龄、金属丰度和运动状态等。

但观测结果表明，老年球状星团的金属丰度各不相同，差异较为显著，且分布范围较广，这与ELS理论阐述的不符。为了解决这一矛盾，1978年，伦纳德·西勒尔和罗伯特·金恩提出了另一种理论。他们的基本观点是，银河系由几十个较小的星系云并合而成，而不是生成于单一的巨原星系云。这些小云块的质量约为10个太阳质量，它们各自演化成较小的系统，并相互碰撞、合并，在一种缓慢的坍缩过程中，最终形成银河系。

西尔勒模型称为慢坍缩模型，以区别ELS的快坍缩模型。后来的一些数值模拟工作表明，小星系确实会通过相互并合形成更大的系统，从而支持了西尔勒模型。不过，银河系纯粹由大量小星系合并而成的机制很难解释银盘的形成，近年来，甚至ESL最激烈的反对者也发现了支持ESL的证据。虽然经过多年的持续论战，银河系的形成和演化机制依然是一个悬而未决的问题。

2013年，天文学家们借助哈勃太空望远镜，发现了数十亿年前被银河系的引力撕裂的星系残骸，这说明银河系的成长，部分是通过吞并小星系实现的。

▲ 银河系吞并周围矮星系

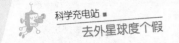
8
爱抱团的星星

通过观测银河系，天文学家们发现，有些星星酷爱"抱团"，这些星星聚在一起被称作"星团"。

星团是由于物理上的原因聚集在一起并受引力作用束缚的一群恒星，其成员星的空间密度显著高于周围的星场。星团可分为疏散星团和球状星团。

球状星团是数万颗至数百万颗恒星聚集在10~30光年直径的空间，外观大致呈圆形的恒星集团。球状星团中的恒星大多是很老的第Ⅱ星族星，多数呈红色或黄色，质量小于两倍的太阳质量。在球状星团中，许多更大和更热的恒星已经成为爆炸超新星，或是经由行星状星云演化进入结束阶段的白矮星。但是，依然有少数蓝色的恒星存在于球状星团内，这些恒星被称为蓝掉队星，被认为是在恒星密集的内部区域，经由恒星合并而形成的。

球状星团里的恒星平均密度比太阳周围的恒星密度高几十倍，而它的中心附近则要大数万倍，以偏心率很大的巨大椭圆轨道绕着银心运转，轨道平面与银盘成较大倾角，周期一般在3亿年上下。

△ 半人马座ω球状星团

同一个球状星团内的恒星具有相同的演化历程，运动方向和速度都大致相同，很可能是在同时期形成的。球状星团的成员星是银河系中最早形成的一批恒星，有约100亿年的历史。它们在银河系中呈球状分布，属晕星族。和银核一样，球状星团是银河系中恒星分布最密集的地方，这里恒星分布的平均密度比太阳附近恒星分布的密度约大50倍，中心密度则大到1 000倍左右。

球状星团和疏散星团是银河系中两种主要星团。银河系中约有五百个球状星团。

疏散星团与分散成球形的球状星团不同，它们局限于银河平面，并且几乎都是在螺旋臂中被发现的。它们一般都是年轻的天体，最多只有几千万年的年龄，只有少数例外。疏散星团也被称作"银河星团"。

疏散星团散布在高达30光年直径的区域内，但通常只有数百颗恒星。

△ 疏散星团昴星团

相较于球状星团的人烟稠密，密度算是非常的低，它们所受到的引力约束也很小，假以时日，会因为巨大分子云和其他星团的引力而瓦解。近距离的遭遇也会导致恒星被弹出，这个过程称为"蒸发"。一个疏散星团一旦不受重力的约束，组成的恒星会在类似的路径上继续在空间中移动，这样的集团称为星协或是移动星群。

2005年，在仙女座星系发现一种全新形式的星团，在某几种方面与球状星团相似，但没有那么密集。这种中间形态的星团被命名为"延展球状星团"。目前，在银河系中还没有发现任何一个延展球状星团，但在仙女座星系中已经发现三个。

在天文学的许多领域，星团是很重要的。恒星演化的理论完全依赖对疏散星团和球状星团的观测，同时，星团也是宇宙距离尺度上关键的一步。

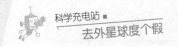

9
恒星，或是气体？

在我们的银河系或其他星系的星际空间中，经常能看到一些看来像云雾状的天体，这类天体就叫"星云"。但这只是它们最初的名字，后来，随着科学技术的进步，尤其是天文望远镜的发展，人们把原来的星云分为星系、星团和星云三类。如今所说的星云，是指由尘埃、氢气、氦气和其他电离气体聚集成的星际云。不过，一些过去的用法依然延续着，例如仙女座星系，依然使用爱德温·哈勃发现它是星系之前的名称，被称为"仙女座星云"。

星云是由星际空间的气体和尘埃集聚而成的云雾状天体，其内部物质密度很低，但体积十分庞大，方圆常常达几十光年。所以，一般星云比太阳质量要大得多。星云包含了除行星和彗星外的几乎所有延展型天体。它们的主要成分是氢，其次是氦，还含有一定比例的金属元素和非金属元素。近年来的研究还发现含有有机分子等物质。

以发光性质划分，星云可分为发射星云、反射星云和暗星云，前两种都属于亮星云。

发射星云是受到附近炽热光量的恒星激发而发光的。星云的颜色取决于化学组成和被游离的量，许多发射星云都是红色的。发射星云经常会有黑斑出现，这是云气中的尘埃阻挡了光线造成的。

反射星云是靠反射附近恒星的光线而发光的，通常呈蓝色。

△ 猎户座马头星云

如果气体尘埃星云附近没有亮星，则星云将是黑暗的，即为暗星云。

根据星云的性质，银河系中的星云又可分为弥漫星云、行星状星云、超新星遗迹和双极星云等几种。

弥漫星云没有明显的边界，常常呈现为不规则的形状，它们一般都得使用望远镜才能观测到。弥漫星云是星际介质集中在一颗或几颗亮星周围而造成的亮星云，这些亮星都是形成不久的年轻恒星。比较著名的弥漫星云有猎户座大星云、马头星云等。

行星状星云有圆形、扁圆形或环形等多种形态，因与大行星相像而得名，但和行星没有任何联系。行星状星云是恒星晚年演化的结果，它们是与太阳差不多质量的恒星演化到晚期，核反应停止后，走向死亡时的产物。在行星状星云的中央，往往有一颗很亮的恒星，称为行星状星云的中央星，是正在演化成白矮星的恒星。与弥漫星云在性质上完全不同，行星状星云的体积处于不断膨胀之中，最后趋于消散。它们的"生命"是十分短暂的，通常这些气壳在数万年之内便会逐渐消失。

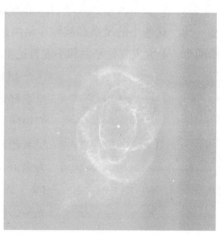

△ 行星状星云——猫眼星云

超新星遗迹也是一类与弥漫星云性质完全不同的星云，它们是超新星爆发后抛出的气体形成的。与行星状星云一样，这类星云的体积也在膨胀之中，最后也趋于消散。

星云和恒星有着"血缘"关系。恒星抛出的气体将成为星云的部分，星云物质在引力作用下压缩成为恒星。在一定条件下，星云和恒星能够互相转化。

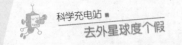
10 银河系的随从们

银河系统治着一个疆域超过百万光年的王国。在银河系周围，目前已知有14个比银河系小的星系在围绕银河系运动。它们都是银河系的"随从"，被银河系强大的引力束缚着，就如同一群卫星环绕大行星运动一样。这些小的星系都被称作银河系的伴星系，其中最大也是最著名的两个，是大麦哲伦星系和小麦哲伦星系，也叫大小麦哲伦云。

△ 大麦哲伦星系

相对于银河系来说，大、小麦哲伦星系都是"河外星系"。它们都是距离我们银河系最近的大型天体系统。大麦哲伦星云距离银河系约16.3万光年，其规模约为银河系的10%，质量仅相当于银河系的1%，而小麦哲伦星云距离银河系约20万光年，质量是大麦哲伦星云的2/3。

大小麦哲伦星系都是以16世纪葡萄牙著名航海家麦哲伦的名字命名的。在麦哲伦率领船队开始人类历史上第一次环绕地球的航行过程中，沿巴西海岸南下时，注意到天顶附近这两个十分明亮的云雾状天体，并把它们详细记录在自己的航海日记中。为了纪念麦哲伦的功绩，后人就用他的名字命名了南天这两个最醒目的云雾状天体。

在南半球的夜空中，大麦哲伦星系是一个昏暗的天体，跨立在山案座和剑鱼座两个星座的边界之间；小麦哲伦星系位于杜鹃座，在夜空中看，似模糊的光斑。由于它们只出现在南半球的夜空，北半球的人想看到它们很不容易。

大麦哲伦星云是个不规则星系，它有个由年老红色恒星所组成的棒状核心，外面环绕着年轻的蓝色恒星以及明亮红色恒星，近代最明亮的超新星SN1987A，就是1987年在大麦哲伦星云里发现的。

和大麦哲伦星系一样，小麦哲伦星系的形状也很不规则，而且同样在核心残留着棒状结构。天文学家们推测，它们以前都是棒旋星系，因为受到银河系的重力扰动才成为不规则星系，因此在中央仍保有短棒的结构。

按照现代天文学的规定，由数十亿颗恒星组成的较小星系被称为"矮星系"，大麦哲伦星系内大约有300亿颗恒星，尽管在本星系群中，它仅比银河系、仙女座星系和三角座星系小，排在第四位，但在讨论银河系周围的星系时，它有时也会被归类为矮星系。矮星系多数都以轨道环绕着大星系，例如在银河系和仙女座星系周围，都发现有矮星系环绕着。

矮星系数量比大星系多得多。它们这么松散却依然能作为一个整体存在，是因为它被裹在暗物质晕中，受到暗物质的引力的约束而成。

1994年，天文学家们发现，我们的卫星星系人马座矮椭球星系正在被银河系逐渐撕裂和吞噬。据推测，这类事件在大星系的演化中十分普遍，大小麦哲伦星系将来很可能也会遭到相同命运。

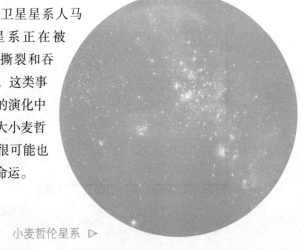

小麦哲伦星系 ▷

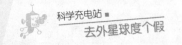
五 恒星的世界

1 恒星的前世今生

恒星是由炽热气体组成的，是能自己发光的球状或类球状天体。由于恒星离我们太远，不借助于特殊工具和方法，很难发现它们在天上的位置变化，因此古代人认为它们是固定不动的星体。我们所处的太阳系的主星太阳就是一颗恒星。

恒星天文学是研究恒星的科学。天文学家经由观测恒星的光谱、光度和在空间中的运动，可以测量恒星的质量、年龄、金属量和许多其他的性质。恒星的总质量是决定恒星演化和最后命运的主要因素。其他特征，包括直径、自转、运动和温度，都可以在演变的历史中进行测量。

恒星演化是一个恒星在其生命期内，也就是其发光与发热期间的连续变化。生命期则依照星体大小而有所不同。单一恒星的演化并没有办法完整观察，因为这些过程可能过于缓慢，难以察觉。因此天文学家利用观察许多处于不同生命阶段的恒星，并以计算机模型模拟恒星的演变。

恒星的两个重要特征就是温度和绝对星等。大约100年前，丹麦的艾依纳尔·赫茨普

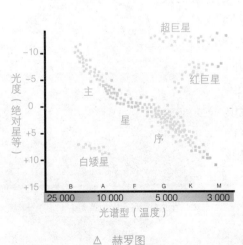

△ 赫罗图

龙和美国的亨利·诺里斯·罗素各自绘制了关于恒星温度和亮度之间关系的图表，这张关系图被称为赫罗图。赫罗图揭示了恒星演化的秘密。

经过多年的观测，天文学家们发现，恒星诞生于以氢为主，并且有氦和微量其他重元素的云气坍缩。也就是说，那些由气体和尘埃组成的星际云，是恒星的前身。当尘埃和分子云的某一部分的密度比整块气体云的平均密度稍高时，气体云由于不稳定而向自身的引力中心塌缩，于是新生星的形成过程就开始了。随着物质在自引力作用下加速向中心坠落，气体云的密度、温度和内部压力都在增加，在气体内部很快形成一个足以与自引力相抗衡的压力场，这个压力场最后制止引力塌缩，建立起一个新的力学平衡位形，我们称之为星坯。至此，恒星形成的第一阶段结束。

星坯的力学平衡是靠内部压力梯度与自引力相抗衡造成的，而压力梯度的存在却依赖于内部温度的不均匀性。由于星坯中心的温度要高于外围的温度，热量便从中心逐渐地向外流出，导致星坯缓慢收缩，这时便进入了恒星形成的第二阶段。一旦星坯的中心温度升高到了氢的点火温度，核心区的热核反应达到了自持的程度，一颗新的恒星就诞生了。

恒星一生的大部分时间，都因为核心的核聚变而发光。为了热核反应能够稳恒地进行，热核反应释放的能量必须跟与各种方式逸出的能量相平衡，这样核燃烧区才会有恒定的温度，这个温度叫"点火温度"。人们计算出的高温氢气点火温度，与太阳中心温度一致。

猎户座星云恒星诞生区 ▷

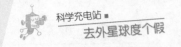
2 恒星的一生

　　相比我们人类，恒星的生命是漫长的，它的演化也十分缓慢。恒星的一生大致可分为四个阶段：第一阶段，它完成从"前世"到"今生"的转变，由气体云演变为一颗发光发热的恒星，这是它的幼年期和少年期；第二个阶段是它的"壮年"期，目前可观测到的宇宙中的大部分恒星都处于这一时期；当它完成将全部的氢转化为氦核聚变反应时，它通过爆炸膨胀成红巨星，进入其生命的第三阶段；经过红巨星阶段之后，恒星进入暮年，此时恒星的温度达到了顶点，能源几乎枯竭，这一时期恒星的一个重要特点，就是不稳定，再往后，恒星进入爆发阶段，或慢慢地坍缩，平静地"死去"。

　　我们的太阳现在正处于"壮年期"，在赫罗图中，它位于"主星序"这一队列内。太阳是主序星的一个典型。恒星的演化总是从主序星开始的，主序星们的共同特征是：它们的星核区都有氢在燃烧，持续着将氢原子聚变成氦的反应。这是由于恒星形成时的主要成分是氢，而氢的点火温度又比其他元素都低，所以恒星演化的第一个阶段，总是氢的燃烧阶段，即主序阶段。在这一阶段，恒星内部维持着稳恒的压力分布和温度分布，在整个漫长的阶段，它的光度和表面温度变化都非常小。

　　恒星在燃尽核心区的氢之后，内部就熄火了。其核心区主要是由氢原子聚变而成的氦；而外围区的物质主要是未经燃烧的氢，核心熄火后恒星失去了辐射的能源，开始因自身引力而收缩。在其核心区收缩的同时，核心与外围之间的氢壳点火燃烧，外层未燃烧的氢层急剧膨胀，恒星光度增加、半径增加，表面温度降低，逐渐由主序星向红巨星过渡。

　　当核心氦区达到氦点火的温度，氦燃烧的阶段就开始了，恒星正式进入"中老年期"。核心区一旦点火，就会燃烧得十分剧烈，以至于爆炸，这种方式的点火称为"氦闪"。"氦闪"发生时，可以看到恒星的光度突然上升，然后又迅速降低。

在"氦闪"发生后，闪光使大量能量得以释放，可能会把恒星外层的氢气都吹走。剩下的氦核心区，因膨胀而密度减小，在正常燃烧后，得到的产物是碳。在氦熄火后，如果恒星质量不够大，它将剩余一个碳核心区氦外壳，由于剩下的质量太小，引力收缩已不能达到碳的点火温度，于是它就结束了以氦燃烧的演化，而走向热死亡。如果它的质量够大，热核聚变反应将逐一地把碳聚变为氮，氮再聚变为氧，经过原子序数越来越大的元素，直至硅核聚变为铁，这时恒星要么坍缩，要么爆炸。

恒星一生的大部分时间，都因为核心的核聚变而发光。核聚变所释放出的能量，从内部传输到表面，然后辐射至外太空。几乎所有比氢和氦更重的元素都是在恒星的核聚变过程中产生的。

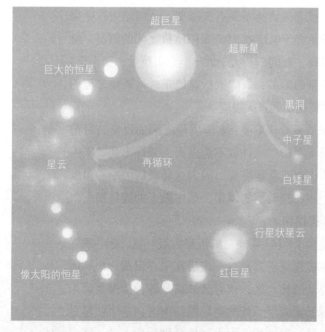

△ 恒星的一生

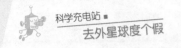

3
恒星的归宿

　　由于引力塌缩与质量有关，所以质量不同的恒星在演化上是有差别的。太阳是距离我们最近的一颗恒星，也是天文学家们研究得最多的一颗恒星，它又是主序星的一个典型，因此，太阳的质量，就被科学家们当作一个衡量标准。

　　凡是质量小于0.08个太阳质量的恒星，氢不能点火，它将没有氢燃烧阶段而直接走向死亡。质量介于0.08~0.35个太阳质量之间的恒星，在内部核心区的氢熄火后，核心区将达不到点火温度，从而结束核燃烧阶段。质量介于0.35~2.25个太阳质量之间的恒星，氦点火时出现"氦闪"；大于2.25个太阳质量，而小于4个太阳质量的恒星，氢熄火后氦能正常地燃烧，但熄火后，碳将达不到点火温度。

　　至于质量介于4~8个太阳质量之间的恒星，目前的情况尚不明确。或许碳不能点火，或许出现"碳闪光"，或许能正常地燃烧，因为这时最后的中心温度已较高，一些较敏感的因素，如中微子的能量损失，把情况弄得模糊了。

　　但是大于8个太阳质量的恒星，氢、氦、碳、氧、氖、硅都能逐级正常燃烧。最后在中心形成一个不能再释放能量的核心区，核心区外面是各种能燃烧而未烧尽的氢元素壳层。核燃烧阶段结束时，整个恒星呈现由内至外分层结构，由内到外分别为铁、硅、镁、氖、氧、碳、氮、氢。

如果一颗恒星质量比太阳大得多，达到12~100个太阳质量，它最终将猛烈爆发，成为一颗超新星，使星际气体中淋透在该恒星核反应中曾产生的所有元素的混合物，并成为组成下一代恒星的原料。太阳里所含的许多元素、地球上岩石的组成，有很大可能都是来源于此。金牛座的蟹状星云，就是一颗大质量恒星爆发的残余物。

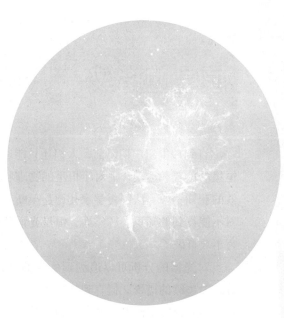

△ 金牛座的蟹状星云

有些恒星在其演化的后期，也会发生不太壮观的变化和喷射，如造父变星和天琴座的RR型变星、蒭藁型变星、行星状星云以及新星等。

在爆发或损失质量后，恒星的最终归宿，根据质量不同分为三种。质量不大于1.44个太阳质量的恒星，将成为一颗白矮星，这种星密度极高，直径却只有几千千米；质量在1.44~3.2个太阳质量之间的恒星，将成为一颗中子星，其直径只有十几千米，密度比白矮星更高，电子被压缩到原子核中同质子中和为中子；大于3.2个太阳质量的恒星，如果在爆发时不能喷射出它的绝大部分质量，将成为一个黑洞，黑洞的引力场极为强劲，连光都无法从黑洞中逃脱。

由于大多数恒星演化后阶段使得质量小于它的初始质量，例如恒星风、"氦闪光"、超新星爆发等，它们会使恒星丢失一个很大的百分比质量，因此，恒星的终局并不是可以凭它的初始质量来判断的，它实际上取决于演化的进程。

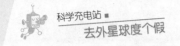

4
恒星的指纹

　　直到19世纪中期以前，人们还只能通过测量恒星的总光量，来了解恒星的位置和运动，而对于恒星的物理状态和化学组成，则没有任何有效的获知手段。法国哲学家孔德甚至断言："恒星的化学组成是人类绝对不能得到的知识。"然而，恒星光谱分析技术的问世，却使得这一断言不攻自破了。

　　对光谱的分析可以追溯到牛顿的分光实验。他曾用三棱镜将日光分解为连续的谱带。但直到1814年才由德国光学家夫琅和费制成了第一台可用来研究太阳光谱的分光镜。其后，德国实验化学家本生和物理学教授基尔霍夫通过分析太阳的光谱，证明了太阳含有氢、钠、铁、钙、镍等元素。1859年，基尔霍夫向柏林科学院报告了他的发现。利用光谱分析的方法分析各种物质的组成、寻找新的元素，一时成了科学界的时尚。实用光谱学从此建立起来。

　　由于每种原子都有专属于自己的独特光谱，这种光谱就相当于原子的"指纹"，因此可以根据光谱来鉴别物质和确定它的化学组成。这种方法叫作"光谱分析"。1868年，科学家们利用日全食的机会，观测了日珥，并发现了"太阳元素"——氦。

　　氦的发现使天文学家们认识到，应当尽快开展恒星光谱的分析研究。把恒星的谱线和在地球实验室中所获知的各种物质的谱线相比较，就可以确定恒星的化学成分。谱线的强度不仅与元素的含量有关，还与恒星大气的温度、压力有关。每颗恒星光谱的谱线数目、分布和强度等情况都是不一样的，这些特征包含着恒星的许多独特的物理、化学信息，因此，恒星的光谱又被称作"恒星的指纹"。

　　随着太阳和恒星光谱分析研究工作的推进，也相继提出怎样对恒星光谱进行分类的问题。19世纪末创立的分类法，将恒星的光谱由A至P分为16种，是目前使用的光谱的起源。

恒星光谱的研究内容非常广泛，从观测角度来看，主要有三条途径：一是证认谱线和确定元素的丰度；二是测量多普勒效应引起的谱线位移和变宽，由此来研究天体的运动状态和谱线生成区；第三是测量恒星光谱中能量随波长的变化，包括连续谱能量分布、谱线轮廓和等值宽度等。

光谱中包含着关于恒星各种特性的最丰富的信息。通过对恒星光谱的观测和分析研究，使人们了解到了恒星表面大气层的温度、压力、密度、化学元素的成分，以及恒星的质量、体积、磁场、自转运动、距离和空间运动等一系列物理、化学性质。毫不夸张地说，迄今关于恒星本质的知识，几乎都是从光谱研究中获得的。将光学的成就和知识应用于天文学，使得天文学产生了一个新的分支——天体物理学，而天文学也从此进入了一个新的时代。

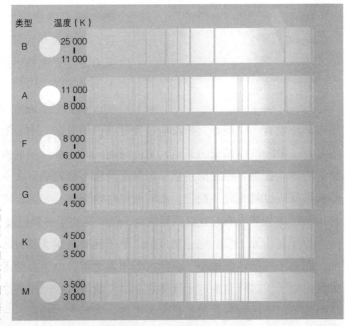

▷ 几种恒星的光谱和温度

类型	温度（K）
B	25 000 11 000
A	11 000 8 000
F	8 000 6 000
G	6 000 4 500
K	4 500 3 500
M	3 500 3 000

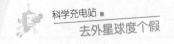

5
白矮星

白矮星是一种低光度、高密度、高温度的恒星。因为它的颜色呈白色、体积比较小，因此被命名为白矮星。

白矮星属于演化到晚年期的恒星。恒星在演化后期，抛射出大量的物质，经过大量的质量损失后，如果剩下的核的质量小于1.44个太阳质量，这颗恒星便可能演化成为白矮星。

根据现代恒星演化理论，白矮星是在红巨星的中心形成的。

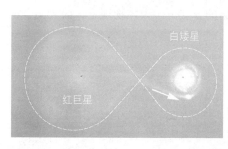

△ 红巨星与白矮星

当红巨星的外部区域迅速膨胀时，氦核受反作用力却强烈向内收缩，被压缩的物质不断变热，最终内核温度将超过一亿度，于是氦开始聚变成碳。经过几百万年，氦核燃烧殆尽，恒星的外壳仍然是以氢为主的混合物，而在它下面有一个氦层，氦层内部还埋有一个碳球。核反应过程变得更加复杂，中心附近的温度继续上升，最终使碳转变为其他元素。与此同时，红巨星外部开始发生不稳定的脉动振荡，稳定的主星序恒星变为极不稳定的巨大火球，火球内部的核反应也越来越不稳定，此时的恒星内部核心实际上密度已经增大到10吨/立方厘米左右，在红巨星内部，已经诞生了一颗白矮星。

原子是由原子核和电子构成的，原子的质量绝大部分集中在原子核上，而原子核的体积很小。在巨大的压力之下，电子会脱离原子核，成为自由电子。这种自由电子气体将会尽可能地占据原子核之间的空隙，从而使单位空间内包含的物质大大增加，密度大大提高。一般把物质的这种状态叫作"电子简并态"。

白矮星就是一种简并矮星。是一种由电子之间不相容原理排斥力所支持的稳定恒星，是由电子简并物质构成的小恒星。它是一种很特殊的天体，它的体积小、亮度低，但质量大、密度极高。

电子简并压与白矮星强大的重力平衡，维持着白矮星的稳定。对单星系统而言，由于没有热核反应来提供能量，白矮星在发出光热的同时，也以同样的速度冷却着。经过一百亿年的漫长岁月，年老的白矮星将渐渐停止辐射，变为一种比钻石还硬的巨大晶体，这种晶体称为"黑矮星"，它是白矮星的死亡状态。

而对于多星系统，白矮星的演化过程则有可能被改变。当白矮星质量进一步增大，电子简并压就有可能抵抗不住自身的引力收缩，白矮星还会坍缩成密度更高的天体：中子星或黑洞。

对白矮星的形成也有人认为，白矮星的前身可能是行星状星云，它的中心通常都有一个温度很高的恒星，即中心星。中心星的核能源已经基本耗尽，整个星体开始慢慢冷却、晶化，直至最后"死亡"。

目前人们已经观测发现的白矮星有一千多颗。天狼星的伴星是第一颗被人们发现的白矮星，也是所观测到的最亮的白矮星。

△ 大犬星座的天狼星其实是个双星系统，其中天狼星B是一颗DA2光谱型白矮星

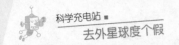

6 中子星

　　和白矮星一样，中子星是处于演化后期的恒星，它也是在老年恒星的中心形成的。只不过能够形成中子星的恒星，其质量更大。此外，中子星与白矮星的物质存在状态完全不同。白矮星的密度虽然大，但其物质结构还属正常，原子结构完整；而在中子星里，压力是如此之大，以至于电子被压进了原子核中，与质子中和，成为中子，整个中子星全部都是由中子组成的，它们的原子核紧挨在一起。

　　中子星和白矮星的形成过程极为类似。当恒星外壳向外膨胀时，它的核因受反作用力而收缩，在高温高压下发生一系列复杂的物理变化，最后形成一个中子星内核。而整个恒星将发生一次极为壮观的爆炸，这就是"超新星爆发"。20世纪30年代末，印度天体物理学家钱德拉塞卡发现，当超新星爆发后留下的星核质量达到太阳的1.4倍时，其引力将大到足以把星核内的原子压缩到使电子和质子结合成中子的程度，此时这个星核就成了一颗中子星，其密度相当于把一个半太阳的质量塞进直径约24千米的一个核内。一颗典型的中子星质量介于太阳质量的1.35~2.1倍，半径则在10~20千米之间，密度为10 千克/立方厘米，表面温度高达1 000万摄氏度，中心还要高数百万倍。

　　中子星是除黑洞外密度最大的星体。和黑洞一样，它也是20世纪60年代最重大的发现之一。1934年，巴德和兹威基分别提出了中子星的概念，指出中子星可能产生于超新星的爆发。1939年，奥本海默和沃尔科夫通过计算建立了第一个中子星的模型。由于理论预言的中子星密度大得超出了人们的想象，当时人们普遍对这个假说抱怀疑的态度。1967年，英国科学家休伊什的学生乔丝琳·贝尔首先发现了脉冲星。经计算，它的脉冲强度和频率只有像中子星那样体积小、密度大、质量大的星体才能达到，中子星这才真正由假说成为事实。脉冲星的发现，被称为20世纪60年代的四大天文学重要发现之一。

脉冲星是高速自转的中子星，但并不是所有的中子星都是脉冲星。当恒星收缩为中子星后，自转就会加快，能达到每秒几圈到几十圈。收缩使中子星成为一块极强的"磁铁"，当它快速自转时，就像灯塔上的探照灯那样，有规律地不断发射电波。该电脉冲以一定的时间间隔掠过地球。当它正好掠过地球时，我们就可以测定它的有关数据。目前已发现的脉冲星有300多颗，它们都在银河系内。蟹状星云的中心就有一颗脉冲星。

中子星并不是恒星的最终状态，它还要进一步演化。由于它温度很高，能量消耗也很快，因此，它通过减慢自转以消耗角动量维持光度。当它的角动量消耗完以后，中子星将变成不发光的黑矮星。

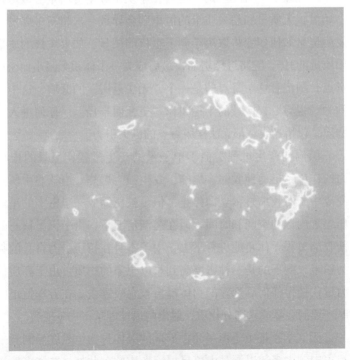

△ 仙后座A超新星残骸无线电波照片

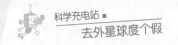
7 黑洞

　　黑洞是现代广义相对论中，宇宙空间内存在的一种超高质量天体，由于类似热力学上完全不反射光线的黑体，故名为黑洞。它是由质量足够大的恒星在核聚变反应的燃料耗尽而"死亡"后，发生引力坍缩产生的。黑洞的质量极其巨大，而体积却十分微小，它产生的引力场极为强劲，就连传播速度最快的光也无法从黑洞中逃出。在它附近，今天的所有物理定律都显得不适用了。

　　当恒星走完其漫长的一生后，小质量和中等质量的恒星将成为一颗白矮星，大质量和超大质量的恒星则会导致一次超新星爆发。超新星爆发后恒星如何演变将取决于剩下星核的质量。如果星核的质量超过了太阳质量的3倍，它将继续坍缩，最后成为一个体积无限小而密度无穷大的奇点，围绕着这个奇点的是一个"无法返回"的区域，这个区域的边界称为"视界"，区域的半径叫作"史瓦西半径"。任何进入这个区域的物质，包括光线，都无法摆脱奇点的巨大引力。

　　黑洞的产生过程类似于中子星的产生过程：恒星的核心在自身重力的作用下迅速地收缩，塌陷，发生强力爆炸。当核心中所有的物质都变成中子时收缩过程立即停止，恒星被压缩成一个密实的星体，同时也压缩了内部的空间和时间。但在黑洞情况下，由于恒星核心的质量大到使收缩过程无休止地进行下去，中子本身在挤压引力自身的吸引下被碾为粉末，剩下的是一种密度高到难以想象的物质。由于高质量而产生的力量，使得任何靠近它的物体都会被它吸进去。在吞噬恒星的外壳的同时，黑洞会释放一部分物质，射出两道纯能量——γ射线。

　　天文学家把由于恒星死亡形成的天体称为恒星级黑洞。一般认为，宇宙中的大多数黑洞是由恒星坍缩形成的。此外，在许多恒星系的中心

△ 掠夺伴星物质的黑洞

也有一个因引力坍缩而形成的超大质量黑洞。在宇宙诞生初期可能曾经形成过很多微型黑洞，即"太初黑洞"，这些黑洞的体积很小，质量相当于一座大山。

1970年，美国的"自由"号人造卫星发现了与其他射线源不同的天鹅座X-1，它的伴星是一个质量达太阳的三十多倍的巨大蓝色星球，该星球被一个约10个太阳质量的看不见的物体牵引着。天文学家一致认为这个物体就是黑洞。这是人类发现的第一个黑洞。

黑洞也会有灭亡的时候。1974年英国物理学家斯蒂芬·霍金预言，黑洞会发出耀眼的光芒，体积会缩小，甚至会爆炸。每个黑洞都有一定的温度，温度的高低与黑洞的质量成反比例。霍金发现黑洞周围的引力场释放出能量，同时消耗黑洞的能量和质量。当黑洞损失质量时，它的温度和发射率增加，使得其质量损失得更快。大黑洞温度低，蒸发也微弱；小黑洞的温度高，蒸发也强烈，类似剧烈的爆发。

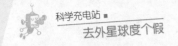

8
宇宙冶金厂

　　天文学家们在研究一颗恒星时，通常要测量它的金属丰度。不过，天文学家们所说的金属，并不是化学家所定义的金属，而是比氢和氦重的元素，它们又叫"重元素"。对天文学家们来说，不仅金、银、铜、铁，连氧、碳、氖、氮等元素也都是金属。他们把恒星的金属总丰度叫作这颗星的"金属性"。我们的太阳就是一颗富金属星。

　　目前在学术界影响较大的"大爆炸宇宙论"认为，我们的宇宙起始于137亿年前的一次无与伦比的大爆炸，在此之前它只是一个致密而炽热的奇点。大爆炸使得空间急剧膨胀，宇宙中充满辐射和基本粒子，随后温度持续下降，物质逐渐凝聚成星云，宇宙中的第一代恒星，就是由这样的星云演化而来的。大爆炸模型预言宇宙应当由大约25%的氦和75%的氢组成，这与天文测量的结果极为吻合。由于在宇宙形成初期没有任何重元素，所以早期星体的重元素含量很低。天文学家们在银晕中的球状星团里找到了银河系内年龄最老的恒星，它的重元素相对丰度只及太阳的0.2%。这一类星都是贫金属星。

　　一颗大质量的恒星消耗完核心部分的氢以后，其核心将变热、坍缩，并冶炼出较重的元素。星核的自转速度非常快，所产生的离心力把新创造的重元素抛射到宇宙空间，成为星际物质，而恒星自身将爆发为超新星。

　　超新星爆发时喷吐出的物质，再度凝结为星云。星云因自转而变成盘状，在自转的同时，因其自身的引力而收缩，星云盘中心因收缩而形成第二代的原始恒星。星云盘除了气体，还有约1%的尘埃，这些尘埃穿过星云，堆积到一个很薄的物质盘上；物质盘由于引力不稳定而碎裂，瓦解为许多团，各团收缩成固体块，称为"星子"，星子最后集聚成行星。第二代恒星及围绕其运转的行星，在形成时就"继承"了前一代恒星"冶炼"出来的金属元素，因此它们的金属丰度比第一代恒星要高。

有些更重的元素，如金、铂等，科学家们认为，可能来自于太阳系诞生前几亿年中子星碰撞的大爆炸。当一对中子星发生碰撞时，可能会产生一个黑洞，并在发生核反应时喷射出灰，把质子射入轻元素的原子核而生成重元素。

观测与实验证明，银河系自形成以来，其金属含量愈来愈高，这些金属都来自第一代恒星开办的"宇宙冶金厂"。像氧、钙、铁这些重元素在恒星死亡时，被抛射到太空中，成为后来诞生恒星与行星的星际气体尘埃云。而在恒星们"轮回转世"的过程中，越来越多的金属元素被制造出来。

地球上的生物体中的钙与铁、我们呼吸的氧和维持能量的氮等重元素，无一不是来自从前死亡恒星的遗骸，从这一角度说，我们这些由重元素组成的人，都是那些已死亡的恒星的后代。

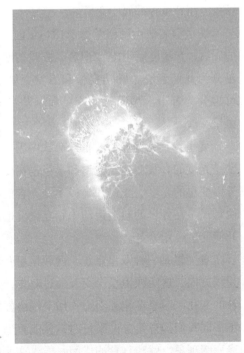

中子星碰撞 ▷

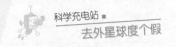

9 不稳定的恒星

很早以前，人们发现有些恒星的亮度经常会改变，这些亮度有显著起伏变化的星就叫作"变星"。

变星是由于内在的物理原因或外界的几何原因而发生亮度变化的恒星。有些恒星虽然亮度没有变化，但其他物理性质有变化的或光学波段以外的电磁辐射有变化的也归入变星之列，如光谱变星、磁变星、红外变星、X射线新星等。现在已发现的变星有2万多颗，著名的造父变星、新星、超新星等都属于变星。

变星命名法由阿格兰德于1844年创立，每一星座内的变星，按发现的先后，在星座后用R～Z记名。按照亮度和光谱变化的不同，现在把变星分为几何变星、脉动变星和爆发变星三大类。在三个大类以下，又可再分为若干次型。脉动变星和爆发变星是物理变星，都属于不稳定恒星。

变星按其光变原因，可以分成内因变星和外因变星。内因变星的光变是光度的真实变化，光谱和半径也在变，所以又叫"物理变星"；而外因变星的光度、光谱和半径不变，它们本是双星，光变的原因是由于两颗子星在各自的轨道运动中相互掩食造成的，它们是食变星，又称为几何变星或光学变星。

食变星是一种双星系统，两颗恒星互相绕行的轨道几乎在观察者的视线方向，这两颗恒星会交互通过对方，造成双星系统的光度发生周期性的变化。两星在相互引力作用下围绕公共质量中心运动，其轨道面差不多同我们的视线方向平行时，就能看到一星被另一星所遮掩而发生星光变暗现象，就和日食的成因一样。这种星称为食双星或食变星。最早发现的食双星是大陵五，它最亮时为2.13星等，最暗时为3.40星等。

脉动变星是指由脉动引起亮度变化的恒星。这些变星亮度的变化，可能是由于恒星体内或星体的大气层周期性的膨胀和收缩引起的。周期性的膨胀与收缩，必然引起恒星半径周期性地增大与减小，恒星的表面积也周期性地增大与减小，温度和总辐射能量都发生变化，因而光度也周期性地增大与减小，看起来它的亮度也周期性地变亮与变暗。另外，其颜色，光谱型和视向速度，有时还有磁场，也都随之发生变化。在已发现的变星中，脉动变星占了一半以上，银河系中约有200万颗。

新星和超新星都不是新诞生的恒星。一般认为，新星产生在双星系统中，其中的一颗子星是体积很小、密度很大的矮星，另一颗则是巨星。矮星因吸收了巨星的大量物质，在其外层发生核反应，爆发成为新星。爆发后，新星所产生的气壳被抛出，亮度在短时间内突然剧增，随着气壳的膨胀和消散，新星的亮度也就缓慢减弱了。

引起恒星亮度变化的原因很多，涉及恒星演化的各个阶段，加强对变星的研究能促进恒星理论的发展。

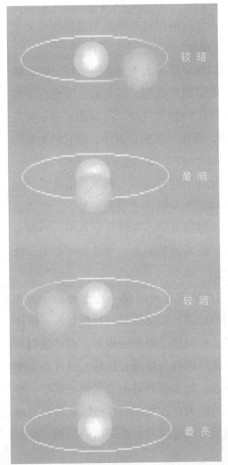

较暗

最暗

较暗

最亮

◁ 食变星的明暗变化

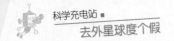
10 星空量天尺

在所有变星中，最为功勋卓著的一类，叫作"造父变星"，这是一种高光度周期性脉动变星，也就是其亮度随时间呈周期性变化。

最具代表性的一颗造父变星，在国际上的注册名为仙王座δ，在我国古代，这颗恒星的名字是"造父一"，所以这类恒星都被称作造父变星。大家熟悉的北极星也是一颗造父变星。

造父变星为黄色超巨星，它们的脉动就像人类的心脏一样，膨胀和收缩都非常有规律；而伴随着星体的膨胀和收缩，恒星的亮度也在增加或减小。大多数造父变星的光变周期在1~50天之间。例如仙王座δ星最亮时为3.7星等，最暗时只有4.4星等，变化一次的总时间，即它的光变周期，为5天8小时47分28秒。

造父变星的亮度变化与它们变化的周期存在着一种确定的关系，光变周期越长，亮度变化越大。这种确定关系叫作"周光关系"，是美国女天文学家勒维特于1912年发现的。她研究了小麦哲伦星系中的25颗变星，发现较长周期的造父变星总是比较短周期的造父变星光度要大。这一发现开创了测量天体距离的新方法。

由于造父变星总是令人惊叹地严格遵守着周期—光度关系，天文学家就可以利用这个关系测定它们的距离。造父变星的周期越长，星体就越大，平均的本身亮度也就越高。在周期已知的前提下，即可定出造父变星的本身亮度，并将之与造父变星的视亮度进行比较，就可确定距离，因为视亮度越暗，说明距离越远。如果被测量的造父变星属于一个星团或星系，那么造父变星到地球的距离，就等于整个星团或星系与地球间的距离。造父变星因具有可测量遥远星团或星系距离的功用，被天文学家们誉为"量天尺"。

造父变星通常指的是长周期变星，又称为经典变星。大部分长周期变星属于星族Ⅰ，位于星系的旋臂上；小部分属于星族Ⅱ，典型星为室女W星，可在椭圆星系和旋涡星系的球状星团及晕中找到。

除了长周期变星外，经常被用来当作星空量天尺的，还有一种变星，即"短周期造父变星"，又称作天琴座RR型变星，这一名称取自1901年在天琴座发现的一颗变星。这类变星大都出现在球状星团内，常被人们用来测量球状星团的距离。

天琴座RR型变星周期较短，光度较低，用它们来研究银河系比使用造父变星方便。因为所有的天琴座RR型变星的绝对星等是相同的，因而也可用它们作为距离的指示天体，因此只要测定了天琴座RR型变星的视亮度，就可以得出它的距离。

造父变星本身亮度虽然巨大，但是不足以测量极遥远星系和天体，能够用来测量的河外星系较少，更远的星系则使用1a型超新星测量。

△ 遥远星系ngc4603里的造父变星

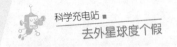

11 爱扎堆的星星们

在我们的银河系中，并不是所有的恒星都是"单身汉"，有许多恒星是"有伴侣"的。两颗相距很近，并有着物理联系的恒星叫作双星，又叫"联星"。两个以上距离很近的天体，叫作聚星，其中三个天体聚在一起，称作"三合星"，四个的则称为"四合星"。

"联星"这一名称是著名天文学家赫歇尔在1802年创造的，指的是两颗恒星各自在轨道上环绕着共同质量中心的恒星系统，其中较亮的一颗称为主星，而另一颗称为伴星，又叫伴随者或第二星。双星这个名词可以当成联星的同义词来用，但一般而言，双星可以是联星，也可以没有物理关联性。

联星有多种，一颗恒星围绕另外一颗恒星运动，或者两者互相围绕，并且相互间有引力作用，也称为物理双星；两颗恒星看起来靠得很近，但是实际距离却非常远，称为光学双星。一般所说的双星，没有特别指明的话，都是指物理双星。联星系统的公转周期和离心率之间有直接的关联，周期越短的离心率也越小。

根据观测方式不同，通过天文望远镜可以观测到的双星称为目视双星；只有通过分析光谱变化才能辨别的双星称为分光双星。有的双星在相互绕转时，会发生类似日食的现象，从而使这类双星的亮度发生周期性的变化。这样的双星称为食双星或食变星。食双星一般都是分光双星。还有的双星，不但相互之间距离很近，而且有物质从一颗子星流向另一颗子星，这样的双星称为密近双星。有的密近双星，物质流动时会发出X射线，称为X射线双星。

拥有两颗以上恒星的系统称为多重星。位于英仙座的大陵五，长久以来都被认为是联星，但其实它是一颗三合星。另一组可见的三合星是在南半球半人马座的南门二，它是全天第四亮星，视星等为-0.01等。

还有更爱扎堆的星星——北河二是一个六合星的系统，它是双子座的第二亮星，也是全天最亮的恒星之一。1678年它就被发现是目视联星，1719年发现北河二的成员本身又都是光谱联星。北河二还有一颗分离得较远且暗淡的伴星，它也是光谱联星。北斗七星的第六星开阳及其伴星辅，是目视联星。它也包含了六颗恒星，开阳由四颗恒星组成，辅星包含两颗星。

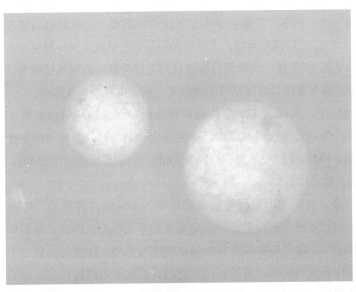

△ 双星系统

联星为天文学家提供了测定远距离恒星质量最好的方法。它们之间的引力导致它们绕着共同的质量中心。从目视联星的轨道形态或是光谱联星的轨道周期，可以测定恒星的质量。用这种方法可以发现恒星的外观和质量，这也使我们可以测定非联星恒星的质量。

在银河系中，双星的数量非常多。研究双星，不但对于了解恒星形成和演化过程的多样性有重要的意义，而且对于了解银河系的形成和演化，也是一个不可缺少的方面。

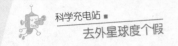

12 恒星的外在和内在

恒星的知名度跟它们的亮度有着密切的关系。早在公元前2世纪，古希腊天文学家喜帕恰斯编制星表时，就给恒星的亮度划分过等级。"喜帕恰斯"这个名字，先前的译本里叫作"伊巴谷"，他编制的星表里有1 022颗恒星，分为6个等级，大约有20颗最亮的星被定为一等星，而肉眼刚能看见的为6等星。这种用目视波段的亮度计算出的星等被称为"目视星等"。通常来说，目视星等的数越大，表明恒星的亮度越小。

1850年，英国天文学家扑逊对喜帕恰斯划分的星等标准做了详尽的增订。他以光学仪器测定出星球的光度，制定每一星等间的亮度差为2.512倍，即1等星的亮度为6等星的100倍；比1等星还亮的星是0等；再亮的则用负数表示，如−1、−2、−3等。

但是，我们用肉眼所辨别出的星等并不是绝对准确的。那些看来不突出的、不明亮的恒星，不一定发光的本领就差。因为，我们所看到恒星视亮度，除了与恒星本身所辐射光度有关外，距离的远近也十分重要。同样亮度的星球距离我们比较近的，看起来自然比较亮；而看上去比较暗的星，其本身发光能力不一定比那些亮星差，或许是因为它们离我们较远，才会显得暗淡。

由于目视星等并没有实际的物理学意义，于是天文学家制定了绝对星等来描述星体的实际发光本领。

恒星每秒钟发出的总辐射能，称为恒星的光度。它表明了恒星的真实发光能力。为了比较不同恒星的光度，人们假想把所有恒星放在一个相等的距离上来比较，国际上规定，这个距离为10秒差距，即32.6光年远的地方，在这个距离上所观测到的视星等，就是绝对星等了。通常绝对星等以大写英文字母M表示。目视星等和绝对星等可用公式转换。目视星等相当于恒星的外在，真正能说明恒星实力的，还是它的内在，即绝对星等。

恒星光度常以太阳光度L⊙为单位，而M⊙表示太阳的绝对星等。太阳的目视星等为–26.7 等，绝对星等则为4.8等。

恒星在不同波长所辐射的能量是不同的，所以，使用不同的探测器测得同一颗恒星的星等值也不同。绝对星等可分为绝对目视星等、绝对照相星等、绝对仿视星等、绝对光电星等和绝对热星等。使用天文底片作为辐射探测器测得的星等，我们称之为照相星等；而用正色底片加上黄色滤光片测定的星等称为仿视星等，在应用上可以取代目视星等；用光电倍增管测定的星等称为光电星等；表征恒星在整个电磁波段辐射总量的星等称为热星等。这其中，只有绝对热星等是恒星光度的一种量度。

恒星的颜色与其表面温度有关。色指数是恒星颜色的一种量度，它是恒星的照相星等与目视星等之差。色指数越大，恒星颜色越红，表面温度也就越低。

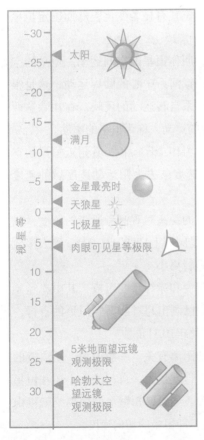

△ 目视星等

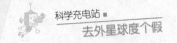

13
恒星的运动

　　世间万物无不在运动，恒星虽然看似在天空中恒定不动，其实它也有自己的运动。只是距离太远，位置变化很慢，短期内难以察觉。

　　1718年，哈雷把他测定的若干恒星的位置同喜帕恰斯和托勒密的观测结果进行对比，发现它们在天球上的位置有显著变化，从而确定恒星在运动。

　　恒星在太空中相对于太阳的运动，叫作恒星的空间运动。恒星的空间运动由三个部分组成。第一是恒星绕银河系中心的圆周运动，这是银河系自转的反映。第二是太阳参与银河系自转运动的反映。在扣除这两种运动的反映之后，才真正是恒星本身的运动，称为恒星的本动。

　　太阳对邻近恒星的空间运动速度约为19.7千米/秒，其附近恒星的空间运动速度约为50千米/秒，恒星运动速度减去太阳运动速度后的速度差，即为恒星的本动速度。

　　单位时间内恒星在天球切面上走过的距离对观测者所张的角度，叫作恒星的自行，单位是角秒/年。1角秒是圆周上1度的1/3 600。绝大多数恒星自行小于1角秒，有些更暗的恒星自行更小。

　　自行由扣除岁差和章动后的赤经年变和赤纬年变组成，其中赤经年变即赤经自行，赤纬年变为赤纬自行。已测出超过20万颗恒星的自行，其中最大的是蛇夫座的巴纳德星，达到每年10.31角秒。

　　恒星自行的大小与恒星跟太阳间的距离有关。一般说来，距离近的恒星自行较大，但并不是最近的恒星自行就最大。自行的大小还和恒星本身的空间运动的方向和速度大小有关。如果已知恒星的距离，就可由自行求得恒星垂直于视线方向的线速度，即恒星的切向速度。

　　恒星的运动速度可分为沿视线方向和沿垂直于视线方向的两个分

▷ 恒星运动在天空中留下的轨迹

量，前者叫视向速度，后者叫切向速度。视向速度的单位是千米/秒。它可由恒星光谱线的多普勒位移来确定。当恒星的光谱线向红端移动时，数值为正，说明恒星正在远离我们而去。实测的数值必须改正地球自转和公转的影响，归算成相对于太阳中心的数值。已测过视向速度的恒星约3万颗，大部分恒星的视向速度介于-20 ~20千米/秒之间。

英国天文爱好者哈根斯于1868年宣布天狼星大约是以每秒46.67千米的视向速度离开我们而去，其后不久，他测量到另外一些一等星的接近或者远离的视向速度。这一成就有其不可估量的作用。在此之后，天文学家所能测量的天体的速度不只是在天球上的投影部分，即切向速度，也可以测量视线上的径向部分。这种方法的应用渗透到了近代天文学的每一个领域，从太阳视差的测量到宇宙膨胀的发现。

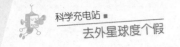
六　宇宙什么样

1

"天圆地方"的谬误

　　古人从很早以前就在思考：宇宙到底是什么样？我国古代哲学家尸佼在他的著作《尸子》里写道："上下四方曰宇，往古来今曰宙。"这是对"宇宙"这一词汇最经典的总结。

　　在大多数古人的心里，宇宙和天地是同一概念。我国古代关于天地结构的思想，主要有盖天、浑天和宣夜三家，其中盖天说的产生最为古老并最早形成体系，这个学说基本上是在战国时期走向成熟的。在《周髀算经》中，记载和保留了这一学说。

　　盖天说也是我们最为熟悉的一种宇宙结构学说，它的另一种称谓是"天圆地方说"。书籍里对这一学说的常见解释为：这一学说认为，天是圆形的，像一把张开的大伞覆盖在地上，地是方形的，像一个棋盘，日月星辰则像爬虫一样过往天空，因此这一学说又被称为"天圆地方说"。

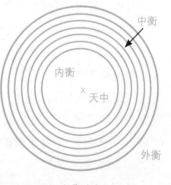

△ 七衡六间

　　盖天说为了解释天体的东升西落和日月行星在恒星间的位置变化，设想出一种蚁在磨上的模型。

　　但是历代学者对于这一说法有种种不同见解。中国科学史专家钱宝琮等认为，这是第一次盖天说，而《周髀算经》所载的，则是第二次盖天说。

　　汉代赵爽所注的《周髀算经》内，有以"七衡六间图"定量表述盖天说的宇宙体系，图中有七个同心圆。每年冬至，太阳沿最外一个圆，即"外衡"运行，因此，太阳出于东南没于西南，日中时地平高度最低；每年夏至，太阳沿最内一个圆，即"内衡"运行，因此，太阳出于东北没于西北，日中时地平高度最高；春、秋分时太阳沿当中一个圆，即"中衡"运行，因此，太阳出于正东没于正西，日中时地平高度适中。各个不同节令太阳都沿不同的"衡"运动。

"第二次盖天说"是在对"天圆地方说"的否定过程中产生的。其理论认为，地和天一样都是拱形的。天穹有如一个扣在上面的斗笠，大地像一个倒扣于下的盘子；北极为最高的天地之中央，四面倾斜下垂；日月星辰在天穹上交替出没形成大地上的昼夜变化。

各朝各代对于"天圆地方"这种说法都有诸多

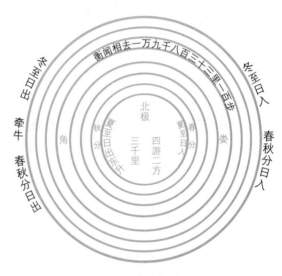

△ 七衡六间图

的怀疑。最早的记载在《大戴礼记·曾子·天员》篇内，作者以孔子的弟子曾子之口说道："参尝闻之夫子曰：天道曰员，地道曰方。"指出"天圆地方"是一种望文生义的说法。而《吕氏春秋·圆道》篇进一步阐释说，"圆"和"方"并非指天和地的形状。"圆"是指天体的循环运动，"方"是指地上万物特性各异，不能改变和替代。

不少考古学家，尤其是一些研究古文字的专家都认为，将"天圆地方"当作一种宇宙观，是一种文字在传承过程中产生的谬误，对这一理论的解释，目前仍在争论中。

盖天说虽然在汉代以前一直在天文学界起着主导作用，但终因其自身有着不可克服的困难，而在汉代以后逐渐被"浑天说"所代替。

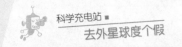

2 浑天说与地动说

　　相比起"盖天说"来，浑天说的知名度没有那么高，但是，浑天说更为符合实际观测的情况，因而在细节方面，显得更为接近实际情况。

　　浑天说认为：天是一个圆球，地球处在这个圆球之中，如同蛋黄在蛋内一样，不停地转动着；全天恒星都布于一个"天球"上，日月五星则附丽"天球"运行。

　　浑天说最初认为，地球是孤零零地浮在水上的。后来，古人在观测的基础上，对这一说法进行了纠正，提出地球不是浮在水上的，而是悬在空中的，因此有可能回旋浮动。有学者认为，这是中国古代朴素地动说的基础。

　　这种朴素地动说被称为"四游"，最早见于《列子·天瑞》篇，该书说道："天地，空中之一细物，有中之最巨者。"又说："运转靡已，大地密移，畴觉之哉！"前一句指出地球不过是宇宙空间的一个细小物体，但又是我们周围有形物体中最巨大的；后一句则说大地在不停地运转，短时间内已移动了不少路径而使人难以觉察。与《列子》成书年代相近的《素问》一书，也提到了地球运动问题。此后的许多著作，从秦朝李斯的《仓颉篇》到北宋邢昺注释的《尔雅·释天》中，都提倡地动说，《春秋纬》中《元命苞》篇更直接地说道"天左旋，地右动"，这些著作都证明，我国古代从先秦时期直到宋朝，许多学者都认为地球不但在自转，而且还有公转。北宋的哲学家张载在《张子正蒙论》中做了进一步论证，认为恒星、银河以及太阳的升落和隐现的原因，都在于地球的"右旋"，即地球自转。

　　从《列子》《素问》等书所阐述的理论及这些作品的成书年代来推断，浑天说可能始于战国时期。有学者认为屈原《天问》中的"圜则九

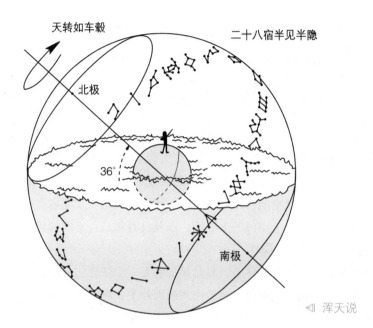

天转如车毂

二十八宿半见半隐

北极

36°

南极

◁ 浑天说

重，孰营度之"，这个"圜"指的就是天球。而现今关于"浑天"的最早记载，在西汉末的文学家扬雄的作品中。"浑天说"的代表人物，是东汉天文学家张衡。他指出"天之包地，犹壳之裹黄"，即地球是包裹在天球中间的一个蛋黄。

浑天说提出后，与盖天说产生了激烈争执，直到东汉时期，张衡发明了浑天仪，天文学家们借助它取得了精确的观测事实，并依靠这些观测事实制定了精确的历法，浑天说才逐渐取得了优势地位。到了唐代，天文学家一行等人通过天地测试彻底否定了盖天说，使浑天说在中国古代天文领域称雄了上千年。

宋代以后，儒学在中国成为正统理论，"地动说"被视为异端邪说。在罗马教皇下令禁止哥白尼的"地动说"传播时，明末欧洲来华的传教士也曾批判过中国的"地有四游"理论。此后，中国的地动说鲜少被人提起，许多中外学者都认为，在哥白尼的学说传入中国以前，中国的传统科学从来只有"天动地静"、"天圆地方"等理论。

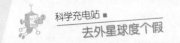

3
宣夜说

　　作为一种宇宙学说，宣夜说与盖天说和浑天说迥然不同，有着本质上的区别。无论是盖天说，还是浑天说，着眼点都在于"天地的结构"，而很少论及空间与时间的问题；而宣夜说则从"宇宙"这个概念的本质出发，论及了空间的无限性，以及日月星辰与空间的相对关系，进而阐述了时间的无限性。

　　按照盖天、浑天的体系，日月星辰都有一个依靠，或附在天盖上，随天盖一起运动；或附缀在鸡蛋壳式的天球上，跟着天球东升西落。由于没有涉及万有引力定律，古人不免产生"杞人忧天"的想法，有了类似的疑问。

　　在这一问题上，宣夜说以完全不同的出发点和视角，解释了盖天说和浑天说这两种理论中的漏洞。宣夜说主张"日月众星，自然浮生于虚空之中，其行其上，皆须气焉"，创造了天体漂浮于气体中的理论，并且在它的进一步发展中认为连天体自身（包括遥远的恒星和银河）都是由气体组成的。这种说法与现代天文学的许多结论是一致的。

　　宣夜说同盖天说、浑天说本质的不同在于：它承认天是没有形质的，天体各有自己的运动规律，宇宙是无限的空间。这三点即使在今天也是有意义的。或许正因为它的先进思想离开当时人们的认识水平太远，它不可能为多数人所接受。

　　在近代科学诞生以后，依据万有引力定律和天体力学规律说明了天体的运动，证明了宣夜说的基本观点是正确的，然而在古代缺乏理论的证明，使它只能保留在思想领域，成为一种思辨的假说。随着时间的流逝，人们对宣夜说的观点也渐渐淡漠了。唐代天文学家李淳风，在他所著的《晋书·天文志》中保留了宣夜说的唯一资料，才使这一思想得以保存下来。

《晋书·天文志》里有关于宣夜说的一段最完整的史料，据此书记载，宣夜说是汉代的郄萌记录下的"先师所传"的知识，这说明宣夜说起源很早，在汉代就已形成较为成熟的体系。其次，宣夜说认为天是没有形体的无限空间，因无限高远才显出苍色。第三，远方的黄色山脉看上去呈青色，千仞之深谷看上去呈黑色，实际上山并非青色，深谷并非有实体，以此证明苍天既无形体，也非苍色。第四，日月众星自然浮生虚空之中，依赖气的作用而运动或静止。第五，各天体运动状态不同，速度各异，是因为它们不是附缀在有形质的天上，而是飘浮在空中。

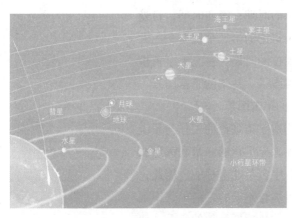

△ 宣夜说认为日月众星都浮生于虚空之中

宣夜说首先认为"天了无质"，否认了有形质的天，这一学说包孕着"无限宇宙"的思想。它不仅认为宇宙在空间上是无边无际的，而且还进一步提出宇宙在时间上也是无始无终的。从科学规律上来讲，宣夜说仍比盖天说和浑天说都进步得多。可惜这种卓越思想，在中国古代没有受到重视。

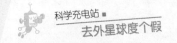
4
宇宙论的演变

　　西方宇宙论的历史可以分为四个时期：第一时期，从远古文明到柏拉图，是由神话宇宙论向科学宇宙论的过渡时期；第二时期，从柏拉图到哥白尼，是科学宇宙论的第一个模型——两球宇宙模型占统治地位的时期；第三时期，从哥白尼到爱因斯坦，是科学宇宙论的第二个模型——无限宇宙模型占统治地位的时期；第四时期，自爱因斯坦以来，是科学宇宙论的第三个模型——大爆炸宇宙模型占统治地位的时期。这三大宇宙模型分别代表了三种宇宙图景：封闭的宇宙图景，无限的宇宙图景，膨胀的宇宙图景。

　　在文明的早期，构造宇宙理论的工作与系统的天象观测工作是相互独立进行的。米利都学派的阿那克西曼德提出，宇宙是球对称的，因此，处于宇宙中心的地球是静止不动的。最早认识到地球是一个球体的是毕达哥拉斯和他的学派。他们率先破除了天地判然有别的观念，把"地球"作为一种天体，甚至认为它并不处在宇宙的中心，而是同其他天体一样绕中心火转动。

　　西方最早提出地心说的是古希腊学者欧多克斯，这一理论后来经由亚里士多德和托勒密研究，得到了完善。亚里士多德—托勒密地心宇宙体系是由许多天球球壳一个套一个组成的，行星

像宝石嵌在戒指上一
样嵌在各天球上，随
天球运转。恒星全部
镶嵌在最外层的恒星
天层上。地球处在宇
宙的中心，被诸天球
一层层包围。宇宙是
充满的，没有真空。
地球静止不动，天球
缓慢而有条不紊地旋
转，宇宙间充满了和
谐和秩序。

△ 中世纪欧洲的宇宙观

　　日心说的先驱是
古希腊的天文学家阿里斯塔克。1539年，波兰天文学家哥白尼的《天球
运动论》，引发了一场观念革命，日心地动说就此建立。1687年，英国
科学家牛顿出版《自然哲学的数学原理》，建立起完整的经典物理学体
系。牛顿由于发现万有引力定律，开辟了科学的天文学。建立在牛顿力
学基础上的古典宇宙模型是经典物理学的宇宙理论，为天文学走出太阳
系、进入恒星世界奠定了思想基础。

　　19世纪恒星周年视差的发现、天体物理学的诞生等成就，为新的构
造宇宙理论打下了基础。在20世纪，爱因斯坦建立广义相对论之后，于
1917年发表了"根据广义相对论对宇宙学所做的考查"，将广义相对论
运用于宇宙学问题。他把引力场的效应看成空间与时间的几何变化，建
立起一个静态封闭的有限宇宙模型，其静态性来自他当时的一种猜想，
即整个宇宙看来是保持静止。但发现了红移之后，爱因斯坦公开表示放
弃这一点。20世纪40年代末，俄裔美籍物理学家伽莫夫提出大爆炸宇宙
模型，使宇宙学与粒子物理学相衔接。这是迄今为止最有影响力的一种
宇宙学说。

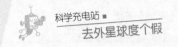
5
宇宙的开端

　　大爆炸宇宙论是现代宇宙学中最有影响的一种学说，也是目前观测证据最多，最获公认的现代宇宙理论。该理论认为，宇宙起源于一个致密、炽热的奇点，诞生于137亿年前的一场大爆炸，在爆炸后，宇宙一直在不断膨胀，使物质密度从密到稀地演化，这种膨胀至今仍未停止。

　　在爆炸之初，物质只能以中子、质子、电子、光子和中微子等基本粒子形态存在。宇宙爆炸之后的不断膨胀，导致温度和密度很快下降。随着温度降低、冷却，逐步形成原子、原子核、分子，并复合成为通常的气体。气体逐渐凝聚成星云，星云进一步形成各种各样的恒星和星系，最终形成我们现在所看到的宇宙。而这个宇宙直到今日依然在不断膨胀。

　　现代宇宙大爆炸理论是勒梅特于1932年首次提出的。1950年前后，伽莫夫第一个建立了热大爆炸的观念。伽莫夫指出，宇宙的大爆炸不是发生在一个确定的点，而是一种在各处同时发生，从一开始就充满整个空间的那种爆炸，应该理解为空间的急剧膨胀。根据大爆炸宇宙论，早期的宇宙是一大片由微观粒子构成的均匀气体，温度极高，密度极大，且以很大的速率膨胀着。这些气体在热平衡下有均匀的温度。这个统一的温度是当时宇宙状态的重要标志，因而称宇宙温度。气体的绝热膨胀将使温度降低，使得原子核、原子乃至恒星系统得以相继出现。

　　早在1929年，埃德温·哈勃有了一个具有里程碑意义的发现——几乎所有远方的星系都正在急速地远离我们而去。由此得出的结论是，宇宙正在不断膨胀。这意味着，在早先星体相互之间更加靠近。似乎在大约100亿至200亿年之前的某一时刻，它们刚好在同一地方。哈勃的发现暗示着存在一个叫作大爆炸的时刻，当时宇宙无限紧密。

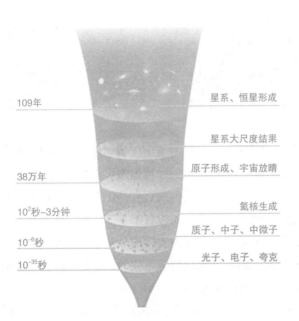

109年 — 星系、恒星形成

— 星系大尺度结果

38万年 — 原子形成、宇宙放晴

10^2秒–3分钟 — 氦核生成

10^{-6}秒 — 质子、中子、中微子

10^{-35}秒 — 光子、电子、夸克

△ 宇宙演化历程

　　另一个支持大爆炸理论的依据是宇宙的微波背景辐射。伽莫夫曾指出，我们的宇宙正沐浴在早期高温宇宙的残余辐射中，其温度约为6K。1964年，美国贝尔电话公司的工程师彭齐亚斯和威尔逊，在调试他们的喇叭形天线时，接收到一种无线电干扰噪声，他们分析后认为，这种噪声肯定不是来自人造卫星，也不可能来自太阳、银河系或某个河外星系射电源。经过进一步测量和计算。得出辐射温度是2.7K，一般称之为3K宇宙微波背景辐射。这一发现，使许多从事大爆炸宇宙论研究的科学家们获得了极大的鼓舞。

　　此外，各种天体年龄均小于200亿年，这一测定结果也显示出大爆炸理论的正确性。而同时，天体的氦丰度也符合大爆炸理论预言。由于有这些过硬的证据，大爆炸宇宙学所建立的宇宙演化模型已被称为"标准宇宙模型"。但也有学者认为，该学说先天矛盾较多，有些证据过于牵强，还没有形成科学理论。

6 稳恒态宇宙与等级式宇宙模型

稳恒态宇宙学是三位年轻的英国天体物理学家邦迪、戈尔德和霍伊尔在1948年提出的。它也被称为"稳恒态宇宙模型"。这种学说的出发点是"完全宇宙学原理"。他们的观点是：在相对论中时空是统一的，既然宇宙学原理认为所有的空间位置都是等价的，那么所有的时刻也应该是等价的。也就是说，宇宙中天体的分布不但在空间上是均匀的和各向同性的，而且在时间上也应该是不变的，在任何时代、任何位置上，观察者看到的宇宙图像在大尺度上都是一样的。

稳恒态宇宙学最大的特点是要求物质和能量不守恒，该理论所描述的宇宙永远膨胀，无始无终。在此模型中，物质的密度保持一个稳定值，这种稳定是通过不断注入新的物质来实现的。为此，霍伊尔提出修改爱因斯坦场方程，他认为新产生的物质是由新产生的真空从高能级向低能级跃迁引起的真空相变产生的。通过完全宇宙学原理和爱因斯坦场方程可以求出宇宙的时空结构，可以得到宇宙的三维曲率为零，也就是三维空间是平直的。

△ 英国天文学家弗雷德·霍伊尔

稳恒态宇宙学最大的特点是要求物质和能量不守恒，在出台后，它曾经引起过轰动，但由于它所预言的星系分布情况和射电源计数均与实际观测不符，又由于它无法对1965年发现的宇宙微波背景辐射给出解释，所以，这种学说没有被广泛接受。

等级式宇宙模型是法国天文学家沃库勒等倡导的一种宇宙学说，它是伴随着天文观测的视野扩大而建立起来的。这种学说认为宇宙在结构上是分层次的，宇宙的结构由小到大，从恒星、星系、星系团到超星系团逐级地扩大。

早在18世纪中期，德国物理学家朗伯特就曾提出过天体逐级成团分布的概念。他表述过，以太阳为中心的太阳系构成第一级天体体系；星团构成第二级体系，其中心有比太阳大得多的天体；银河系为第三级，中心有更为巨大的银核。

观测表明，在星系团的尺度上，也就是1千万光年到1亿光年尺度上，天体分布呈这种阶梯状，但再往上就没有这种现象了，星系团在空间的分布是均匀的。但是以沃库勒为代表的少数人认为，在1亿光年以上也是呈这种阶梯状分布，只是目前观测能力不够，没有发现这种现象。

等级式宇宙模型所描述的宇宙，犹如镶牙雕刻球，一层套一层，其主要观测依据是星系的空间分布，而对于其余的宇宙整体特征，则往往难以提供与观测定量的对证。由于缺乏理论基础，而且天文观测证据几乎没有，因此等级宇宙模型远不如大爆炸宇宙学那样受人关注。

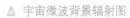

△ 宇宙微波背景辐射图

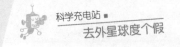

7
反物质宇宙

　　将自然界纷呈多样的宏观物体还原到微观本源，它们都是由质子、中子和电子组成的。这些粒子被称为基本粒子，意指它们是构造世上万物的基本砖块。在量子物理学里，反物质是反粒子概念的延伸，反物质是由反粒子构成的。

　　最早提出反物质概念的是英国物理学家保罗·狄拉克。1928年，他预言了电子的反物质——正电子的存在，其质量与电子完全相同，而携带的电荷正好相反。1932年，美国物理学家安德生在宇宙射线中发现了它，提供了反物质存在的一个证据。

　　反物质是正常物质的反状态。当正反物质相遇时，如同粒子与反粒子结合一般，双方会相互湮灭抵消，发生爆炸并产生巨大能量。

　　反粒子的发现，使得大爆炸理论在"原始火球"这一点上陷入了困境。因为正反物质相遇时，即转化为其他形式的物质，如一个电子和正电子相遇时就转化为两个光子。大爆炸的理论无法解释，为何大爆炸后经历了湮灭，仍有多余的正物质剩下来，组成了我们生存在其内的这个宇宙。

　　为解决这一问题，瑞典物理学家克莱因提出了一种对称宇宙模型，即正、反物质宇宙模型。他认为，大爆炸宇宙学要求正、反物质存在微小的不对称是与粒子物理学正、反粒子对称性相矛盾的，从而假定在宇宙最初阶段，正、反物质是完全等量的。他假定宇宙初期是由一团稀薄的双等离子体气云所组成，其中包含有等量的正、反粒子。由于引力作用，该稀薄气云会收缩而密度会增高，正、反物质碰撞机会不断增多，频繁的湮灭反应产生电磁辐射。当其密度高到一定程度时，湮灭过程所产生的辐射压将超过引力作用，使收缩停止而转化为膨胀，于是形成我我们今天的膨胀宇宙。

按照这种宇宙模型推测，在宇宙中可能存在着巨大的正物质区域和反物质区域。

在解释正、反物质何时分开，又怎样分开的问题上，克莱因假设宇宙初始存在磁场，由于引力和电磁力作用，正、反物质将分开并各聚集为以正物质为主和以反物质为主的团块，其间由薄层的"混合"物质隔开，即在正、反物质交界处，由于正、反物质湮灭所产生的巨大辐射压可保持正、反物质的区域分开，我们今天正好生活在以正物质为主的宇宙区域中。可能在这个正物质宇宙之外，还存在另外的反物质宇宙。

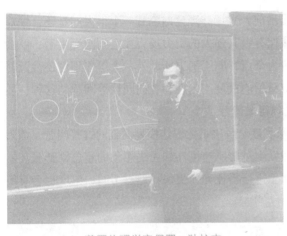

△ 英国物理学家保罗·狄拉克

有些宇宙学家指出，最初宇宙中的正、反物质为什么不会湮灭呢？他们后来究竟怎样分开的？正反物质模型对这些问题的回答都很勉强。

不过，近年来欧洲航天局的 γ 射线天文观测台对宇宙中央的一个区域进行了认真的观测分析，发现这个区域聚集着大量的反物质。他们还证明，这些反物质来源很多，它不是聚集在某个确定的点周围，而是广布于宇宙空间。这对反物质宇宙论是一个不小的支持。

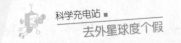

8
暴涨的宇宙

　　宇宙暴涨理论是关于极早期宇宙的一组模型的通称。按照暴涨宇宙论，暴涨期的宇宙在十的几十次方分之一秒的瞬间便增大了好几十个数量级。这种暴涨的急剧程度，是暴涨结束以后宇宙继续进行的那种膨胀的速度完全无法比拟的。

　　在宇宙暴涨理论提出前，大爆炸理论面临着一个很大的难题：爆炸前那个致密的奇点应该拥有极其强大的引力场，在它刚刚诞生后，就会把它变成黑洞并重新转为奇点，归于消失。此外，大爆炸理论还涉及时空的极度平坦以及宇宙显示的极度均匀性和各向同性等问题，这种性质以背景辐射的均匀性展现得最清楚。

　　20世纪80年代，暴涨理论解决了大爆炸模型面临的这些问题。该理论认为，初期宇宙曾经发生过膨胀速度高到无法想象的超急剧膨胀。暴涨的特质之一是，它似乎进行得比光速更快；地点不同，温度也会有所

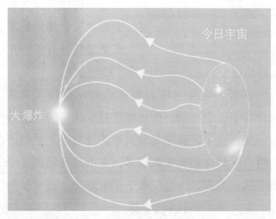

△ 大爆炸后宇宙有过一个暴涨期

不同。但是如果只考虑初期宇宙中极小的一块区域，则可以认为这个小区域具有均匀的温度。如此小的一块区域，在它还来不及非均匀化的一瞬间如果就急剧膨胀为很大的宇宙的话，那么在这个宇宙中的温度自然也就是基本均匀的。按照这个思路，那么，在现在的宇宙中观测到来自宇宙一切方向的背景辐射所对应的温度基本一致，也就不足为怪了。

大爆炸理论所面临的另一个重大问题，就是"磁单极子问题"。

在20世纪70年代，粒子物理学家开始构建大统一理论：在标准的大爆炸模型中，宇宙初始时的高温足以达到大统一的状态。然后，在宇宙年龄大约10~35秒的时候，强核力脱离了仍然统一在一起的弱电力。理论家意识到，这一转变会导致一个与宇宙学观测不符的结果，那就是它会产生大量的孤立磁北极和磁南极，或者称为"磁单极"。

我们知道，现在的宇宙却不存在大量磁单极子。大爆炸模型无法说明这一点。而根据暴涨理论，如果初期宇宙发生过暴涨，那么在现在的宇宙中，磁单极子的密度自然应该已经变得极其稀薄。在现在的宇宙中磁单极子的密度既然极其低，那么观测不到磁单极子也就是十分自然的事情。

就此，宇宙暴涨理论被认为是极早期宇宙的标准模型，并成为宇宙学理论的核心原则。它能取得这样的成功，不仅仅因为它解决了有关宇宙本质的许多难题，而且由于它解决这些难题时应用了大统一理论和与宇宙学研究毫无关系的粒子物理学家发展出来的量子理论知识。这就意味着，任何有抱负的宇宙学家都必须要学习粒子物理学。

人们在发展这些关于粒子世界的理论时，并未想到它们可能应用于宇宙学。很多人认为，这些理论在宇宙学领域的成功，说明它们确实达到了对于宇宙的真正重要的了解。

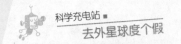

9 有限无界的宇宙

从古时起，人们就开始思考，宇宙是有限的还是无限的？但这个问题，时至今日尚无定论。因为无论哪个答案，都无法拿出足以说服世人的证据。

在西方哲学史上，康德首次提出，宇宙在时间和空间上有限与宇宙在时空上无限这两个命题都可以成立，都可以得到证明，因此，在宇宙的有限、无限问题上存在着一个矛盾，一个二律背反。

对这一点，中国明代哲学家杨慎认识得比康德更早，说得也更为精辟："天有极乎，极之外何物也？天无极乎，凡有形必有极。"意思是宇宙如果有限，那界限之外是什么？宇宙是无限的吗？凡是有形的东西，必然都是有限的。

在传统的观念中，一般认为宇宙是无限的。所谓无限，它包含两方面的含义，一是指宇宙空间无限广阔，没有边界；二是指宇宙的诞生时间无限久远，没有起点。

然而，随着"宇宙膨胀"的发现，人们开始认识到，宇宙很可能有一个开端。

事实上，在哈勃发现所有星系在各个方向上远离我们而去之前，爱因斯坦已经提出了"宇宙有限无界"的观点。他将广义相对论运用于宇宙学问题，并运用了黎曼几何，建立起一个静态封闭的有限宇宙模型。这一有限封闭宇宙模型的提出，是宇宙观念史上划时代的事件。广义相对论对黎曼几何的成功运用则表明，欧几里得几何绝不是物理空间先天必然的唯一形式，物理空间的几何形式依赖于它的物理内容。由于将无界与无限相区分，空间的二律背反中反题的传统论证即"之外"问题就变得没有力度了；在空间非欧化之后，在相对论的概念框架中，空间上的二律背反被消解了，空间的有限无限问题成了一个纯粹的科学问题。而大爆炸宇宙模型的建立，终于确立了宇宙开始的时刻。

目前大多数天文学家相信，我们的宇宙，是有限而无界的。宇宙在空间上是有限的、闭合的，在宇宙的边界之外，时间和空间都不存在。

设想一个人站在一个球面上，无论他朝哪个方向走，走得有多远，即使在球面上绕了一圈又一圈，他都不会遇到边界。我们的宇宙或许就是这样一个封闭的曲面。

许多人执着于"大爆炸之前发生了什么"这样的问题，这个问题经常被用"大爆炸之前什么都没有"来回答，实际上这个表达是不准确的，因为在大爆炸之前，时间和空间都不存在。

科学家们用量子理论来解释这一观点：把整个宇宙量子化以后，宇宙的诞生，就可看成是一次量子泡沫的涨落。在亚核世界里，粒子的行为通常是不可预测的。由于量子的不确定性，量子泡沫都在随涨随落，只有极小的可能性会突然暴涨。而就在某个时刻，所有的量子泡沫突然一致地膨胀，冲破了临界点，暴涨随即开始。而我们的世界，就是这样从"无"中生出来的。

宇宙有限无界 ▷

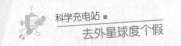

10 我们的宇宙

　　宇宙是由空间、时间、物质和能量构成的统一体，是一切空间和时间的总和。一般理解的宇宙指我们所存在的一个时空连续系统，包括其间的所有物质、能量和事件。

　　根据相对论，信息的传播速度有限，因此在某些情况下，例如在发生宇宙膨胀的情况下，从距离我们非常遥远的区域中，我们将只能收到一小部分区域的信息，其他部分的信息将永远无法传播到我们的区域。可以被我们观测到的时空部分称为"可观测宇宙"、"可见宇宙"或"我们的宇宙"。应该强调的是，这是由于时空本身的结构造成的，与我们所用的观测设备没有关系。

　　可观测宇宙是一个以观测者作为中心的球体空间，小得足以让观测者观测到该范围内的物体，也就是说，物体发出的光有足够时间到达观测者。宇宙的年龄计算结果为137.5亿年，但是由于宇宙膨胀，我们现在可以观测到一些最开始十分接近、但是现在却被认为远比137.5亿光年遥远的天体。目前的可观测宇宙的边界计算得出的结果是143亿秒差距，大约合466亿光年。

　　通常情况下，人们常常把137.5亿光年当作宇宙的大小，想当然地认为宇宙中没有比光更快的物质，但宇宙并不是平滑、静止的，时空由于膨胀而变得弯曲，光的速度乘以宇宙时间间隔事实上并没有真正的物理意义。

　　在宇宙大爆炸之后，宇宙的一些部分可能由于距离地球太远，导致了其发出光线到现在为止也未能到达地球，所以这部分的宇宙可能现在也在可观测宇宙之外。在未来，远处的星系发出的光线将会拥有更长的时间来穿越时空，所以现在我们不能观测到的一部分宇宙将会在未来被

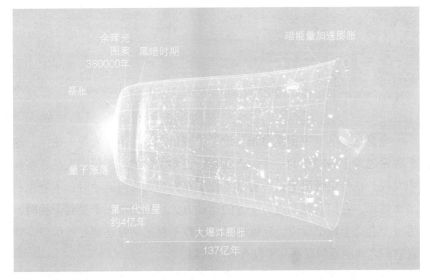

余晖光
图案
380000年 黑暗时期

暗能量加速膨胀

暴胀

量子涨落

第一代恒星
约4亿年

大爆炸膨胀
137亿年

△ 可观测宇宙

观测到。

　　然而，根据哈勃定律，一些离我们足够远的宇宙区域将会以超越光速的速度远离我们，并且暗能量导致了宇宙在加速膨胀，假设暗能量保持不变，则宇宙膨胀的速度会持续增加，那么就会存在一个"未来可见极限"，超过这个极限的物体将永远不能被我们观测到，因为这个物体发出的光线在这个极限之外。"未来可见极限"计算给出的是"共动距离"，为190亿秒差距，约合620亿光年，意味着我们可以在无尽的未来中看到的星系数目最多只能比现在看到的星多出2.36倍。

　　关于可观测宇宙的三条定理是这么说的：第一，我们看到的是过去的宇宙；第二，我们看到的宇宙是光线在非平直时空中传播成的虚像；第三，宇宙中许多事物我们看不见。

　　如果宇宙是有限而无界的，这就意味着宇宙小于可观测宇宙的大小。在这种情况下，我们看上去很远的星系可能是临近星系的假象，它们是由于光线绕宇宙一周所产生的幻象。这个假说十分难以检测，因为星系在不同的年龄阶段是不相同的，甚至完全不一样。

11 全息的宇宙

全息论原名"宇宙全息统一论"，现已改叫"全息大统一论"，这个理论起源于1982年的一个惊人发现：巴黎大学的一组研究人员在实验中发现，在特定情况下，一对基本粒子在向相反方向运动时，不管距离多么遥远，它们总能知道另一方的运动方式。当其中一个受到干扰时，另一个会马上做出反应。这就像是这对粒子在运动时还能互通信息，而且它们之间的通信联系几乎没有时间间隔。

这一现象违反了爱因斯坦"光速不可超越"的理论。科学家们对粒子的这种表现又惊骇又着迷，他们试图用种种办法解释这件奇异的事。这个时候，美国量子物理学家和科学思想家戴维·玻姆提出了他的理论：粒子的这种表现，说明我们所处的这个客观世界并不实际存在，宇宙只是个巨大的幻象，是一张巨大而细节丰富的全息摄影相片，这就是举世震惊的"宇宙全息论"。

所谓全息摄影，是一种利用激光技术和光的干涉、衍射原理把被摄物反射的光波中的全部信息记录下来的新型照相技术。全息摄影所记录下来的，是被拍摄的物体的全部信息。全息相片是用激光做出的三维立体摄影相片，相片的每一个小部分，都包含着整张相片的完整影像。这就是全息的特点——整体包含于部分之中。

△ 世界是一张全息图？

　　1988年3月山东人民出版社出版的《宇宙全息统一论》中，对全息论的基本规律如此阐述道：一切事物都具有四维立体全息性；同一个体的部分与整体之间、同一层次的事物之间、不同层次与系统中的事物之间、事物的开端与结果、事物发展的大过程与小过程、时间与空间，都存在着相互全息的关系；每一部分中都包含了其他部分，同时它又被包含在其他部分之中；物质普遍具有记忆性，事物总是力图按照自己的记忆中存在的模式来复制事物，全息是有差别的全息。

　　玻姆的说法其实不难理解，就如同盲人摸象一样，每个人摸到的，都只是象整个身体的一个部分；把他们所摸到的各个部分看作那一对向相反方向发射的粒子，当某两个部分同时动起来的时候，看不到整头象的人很可能会以为这两个部分在互通信息。

　　现实的宇宙可能还有更深的层次，只是我们没有觉察到。站在更高、更深的层次上观察我们的宇宙，或许所有基本粒子都不是分离的"独立部分"，而是更大的整体

△ 戴维·玻姆

的一个小小的片断，而一切事物都是相互关联的。根据玻姆的说法，在我们的现实宇宙之上，还存在一个更为复杂的"超级宇宙"，而我们生活在其中的这个世界，不过是"超级宇宙"的一个全息投影。宇宙万物皆为连续体。外表看起来每一件东西都是分离的，然而每一件东西都是另一件东西的延伸。

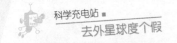

12
宇宙的音响与膜理论

广义相对论和量子理论是当今物理世界的两大支柱。广义相对论直观而深刻地阐明了宏观宇宙的本质规律，而量子理论则阐述了微观世界的奇妙特征。但这两大理论却无法相互衔接。1984年，由美国加州理工学院约翰·施瓦兹和英国伦敦玛丽皇后学院米切尔·格林发展起来的"超弦"理论开始兴起，成为最有希望弥合两大理论鸿沟的学说。

众所周知，化学反应中的最小单位是原子，原子由原子核和电子构成，将原子核切分可得到质子和中子，中子和质子都是强子，由更小的夸克微粒构成。而物质分到像夸克这样的基本粒子时，就不可再分了。然而，把微小的基本粒子放大，其内部自有一个崭新的天地：一根根细细的线卷缩在一个复杂的10维空间中。这就是"超弦"。科学家们形象地称其为"宇宙的音响"。

物理学家们认为，我们所处的这个世界是由极小的细微线构成的，这些线就叫作"弦"。它由纯能量构成自己闭合的套圈，按照不同的形式振动，产生粒子。

自然界存在着万有引力、电磁力、强力和弱力四种力。多数物理学家相信，这四种力应当是统一的。近几十年，量子理论将四种力量子化，提出了传递子的概念。而"弦论"是最有希望将自然界的基本粒子和四种相互作用力统一起来的理论。

但是这一理论产生初期，居然有五种不同形式，这令弦理论家感到困惑。不过，五种形式有许多共同的基本特征：弦振动的模式决定了粒子的质量和电荷，都需要一个10维的时空，才能建立起理论框架。当更精确的方程式建立起来后，超弦理论家们惊奇地发现，五种弦理论是密切联系的，它们是通向一个基本理论框架的五扇窗口。这个新的基本理论框架就是膜理论，通常被称作M理论。

M理论最重大的发现是：在超弦的10维时空中，还隐藏着一个新的空间维。这个新的空间维很小，之前弦理论家们运用"微扰动"时将其忽略了。在M理论中，点粒子的内部时空不是10维，而是11维，即10个空间维度加一个时间维度。

膜理论是弦理论的扩充与发展。它带来了一个深远的影响，就是弦的结构被膜的结构取代。随着点粒子内部的新维度的显现，弦从一维的线圈伸展成一张二维的薄膜。我们生存的这个宇宙，原本与其他膜一样，也是极小的，却在偶然间被撑开，成为一个特殊的极度延展的3—膜。

M理论为我们展示了一个前所未有的"膜的世界"——我们宇宙的终极图景最可能是以多层膜的形式存在的一个多层超空间，我们人类生存的空间是在以折叠形式存在的3—膜空间，遥远的星球，在一个多层空间来看，可能离我们地球只有极短的距离。

△ 超弦理论预言存在10维时空

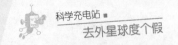

13
宇宙啥颜色

我们都知道，太阳发射出的光线是纯净的白色。1666年，牛顿用三棱镜把阳光分解为缤纷的"彩色光带"，并简单地把这条"彩色光带"分成七段，以红、橙、黄、绿、蓝、靛、紫为这七色命名。这个分解阳光的实验，经常被看作光谱研究的一个起点，也是天体物理学的一个基点。正是在重复和改进分光实验的基础上，科学家们开始了光谱分析，进而建立了实用光谱学，并开始了解恒星的成分。

阳光被称作"复色光"，因为它其实是由许多种颜色的光组成的，只是这许多种颜色叠加在一起，看起来就成了白色的。那么，宇宙到底是什么颜色的？

为了回答这一问题，约翰霍普金斯天文台的两名科学家格拉兹布鲁克和鲍德里对两万个银河系的星光进行了研究，并对它们的颜色进行综合平衡。2002年，他们得出了一个惊人的结论：从整体上看，宇宙呈现的是绿色。

但是，美国纽约曼塞尔颜色科学实验室的几位科学家指出，格拉兹布鲁克和鲍德里对宇宙颜色的判断不准。用来分析宇宙颜色的计算机程序中，参考白点的设定存在问题，白点指的是在特定照明环境下人眼所看到的最白光线，它会随着施加的环境光照不同而发生变化。格拉兹布鲁克和鲍德里等所用的程序，错误地采用了偏红的参考白点，这就好比是在一个红光照明的房间里去观察宇宙，结果看到了一个青绿色的宇宙。要想在真正的意义上谈论宇宙的颜色，应该是假想观看者置身一个黑暗的背景中，在这样的背景中，宇宙呈现出的颜色是米色。在征求了各界人士意见后，宇宙的颜色被定名为"牛奶咖啡色"。

△ 艺术家描绘的宇宙

格拉兹布鲁克和鲍德里犯的错误情有可原，因为宇宙本身就充满视觉颜色。

生活在地球上的人们会觉得阳光看起来是柠檬黄色的，但国际空间站的宇航员们坚持认为，太阳就像雪一样白。我们所看到的阳光，是经由大气层散射了太阳光的一些蓝色成分后的颜色，白色的太阳减去蓝色，剩余的颜色混合便表现为橙黄色了。

分光实验使我们知道，在组成太阳光的所有颜色中，最亮的颜色是绿色。绿色是太阳能量输出最强的波段。太阳的峰值域是在绿色波段。宇宙的光线来自众多的"银河系"，而银河系又是由众多的"太阳"组成的。格拉兹布鲁克和鲍德里忽略了人的视觉对混合颜色的反应，很自然地认为宇宙是绿色的。

不过，恒星是绝对不会呈现为绿色的。最热的恒星展现的是模糊的蓝色，最冷的恒星表现为鲜红色。想要呈现出绿色，必须同时抑制热的蓝色和冷的红色，这是不可能做到的。然而，我们常能看到绿色的极光，那是大气层中的氧原子被电离时发出的光。科学家们认为，在有植物生命存在的行星上才有希望发现自由氧，绿色是生命发出的召唤。

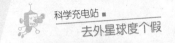
14
宇宙的未来

人都有生老病死，宇宙呢？这个已经存在了137亿年的宇宙，将来会怎么样？

目前天文界流行的观点是：宇宙的未来，是由暗能量决定的。

所谓暗能量，是一种不可见的、能推动宇宙运动的能量。宇宙中所有的恒星和行星的运动都是由暗能量与万有引力来推动的。

暗能量概念的起源可以追溯到1917年。爱因斯坦首次用引力场方程来研究宇宙的整体，并提出"有限无界的静态宇宙"模型，他感觉到了"宇宙有引力收缩的趋势"，于是在方程式中引入了一个反引力项，以抵消这种引力收缩的趋势，这个项称为"宇宙常数"。后来，哈勃发现了各星系的红移之后，爱因斯坦放弃静态的宇宙，也放弃了"宇宙常数"。

人们曾普遍认为，由于万有引力的存在，宇宙的膨胀会逐渐变慢。但是在1998年，天文学家们发现，宇宙不只是在膨胀，而且在以前所未有的加速度向

△ 爱因斯坦

外扩张，所有遥远的星系远离我们的速度越来越快。之所以会如此，一定是有某种隐藏的力量在暗中把星系相互以加速膨胀的方式撕扯开来，这是一种具有排斥力的能量，科学家们称其为"暗能量"。宇宙加速膨胀的现象使人们意识到，反引力是存在的，"宇宙常数"因此死而复生，被赋予了"暗能量"的含义。

在物理宇宙学中，暗能量是一种充溢空间的、具有负压强的能量，按照相对论，这种负压强在长距离类似于一种反引力，可以增加宇宙的膨胀速度。近年来，科学家们通过各种观测和计算证实，暗能量不仅存在，而且在宇宙中占主导地位。最初的计算显示，暗能量的总量约达宇宙总量的73%，而宇宙中的暗物质约占23%，组成恒星、星云等天体的普通物质仅约占4%。

暗能量是否存在，对于我们这个宇宙的未来有极大影响。假如暗能量不存在，宇宙膨胀速度必然会被物质引力所减慢，但如果暗能量确实存在，它是否会一直推动宇宙加速膨胀，也是一个需要探讨的问题。当前的几种观点，展示出了截然不同的宇宙未来。

根据精质等动力学标量场模型，宇宙的未来将复杂得多；也许将继续加速膨胀下去，会减缓膨胀的速度，甚至走向收缩，导致宇宙最终以与大爆炸相反的"大坍缩"收场。

依据幽灵模型，暗能量将不断增大，也许导致宇宙以越来越快的加速度膨胀。最终，宇宙将走向"大撕裂"，暗能量将摧毁宇宙每个区域，在宇宙终结之前的3 290万年前，银河系将产生引力崩溃。

精灵模型则给出了一个"振荡的未来"。根据这一理论，整个宇宙将在加速膨胀和减速膨胀之间反复演绎，"大坍缩"和"大撕裂"这两种极端的情况都不会出现。

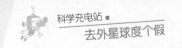
七 空间天文学的进化

1
飞出大气层去探测

天文学有一个重要的分支，叫"空间天文学"，是借助宇宙飞船、人造卫星、火箭和气球等空间飞行器，在高层大气和大气外层空间区域进行天文观测和研究的一门学科，为空间科学和天文学的边缘学科。

由于地面天文观测要受到地球大气的各种效应和复杂的地球运动等因素的严重影响，因此，其观测精度和观测对象受到了许多限制，远远不能满足现代天文研究的要求。为了从根本上克服上述不利因素的影响，人们寄希望于突破大气层，到外层空间去观测，于是，伴随着航天技术的迅猛发展，空间天文学就此诞生了。

从发射探空火箭和发送气球算起，空间天文研究始于20世纪40年代。空间科学技术的迅速发展，给空间天文研究开辟了十分广阔的前景。空间天文观测按观测手段分为气球观测、火箭观测、卫星观测和其他航天器观测，而按观测对象或波段则分为空间太阳观测、紫外天文、X射线天文、γ射线天文和红外天文观测等。

自1957年10月4日世界上第一颗人造地球卫星上天后，美国于1960年发射了第一颗天文卫星"太阳辐射监测卫星1号"，对太阳进行紫外线和X射线观测。此后，世界各国又相继发射了许多天文卫星和用于天文研究的各种星际飞船，大大丰富和扩展了人类对宇宙和各类天文现象的认识。从发射近地轨道人造卫星，到"阿波罗"飞船载人登月、"乔托"飞船探索哈雷彗星，以及"先驱者"和"旅行者"飞船穿越整个太阳系的大规模、长时间的星际探测计划，天文学在许多重要研究领域内取得了辉煌的成果。

　　在外层空间开展的天文观测有地面天文观测无法比拟的优越性。首先，它突破地球大气这个屏障，扩展了天文观测波段，取得观测来自外层空间的整个电磁波谱的可能性。其次，空间观测会减轻或免除地球大气湍流造成的光线抖动的影响，天象不会歪曲，大大提高仪器的分辨本领。今天的空间技术力量已能直接获取观测客体的样品，开创了直接探索太阳系内天体的新时代。如今已经能够直接取得行星际物质的粒子成分、月球表面物质的样品和行星表面的各种物理参量，并且取得没有受到地球大气和磁场歪曲的各类粒子辐射的强度、能谱、空间分布和它们随时间变化的情况等。

　　空间天文的发展大致经历了三个阶段。最初阶段致力于探明地球的辐射环境和地球外层空间的静态结构。这个时期的主要工作是发展空间科学工程技术。第二阶段开始探索太阳、行星和星际空间。第三阶段是从20世纪70年代起，开始探索银河辐射源，并向河外源过渡。

　　空间天文学的独特贡献，特别是20世纪40年代的一些重要发现，对天文学产生了巨大影响。天文学家们的下一个目标，是把天文望远镜安装到月球上去。

◁ 运载火箭

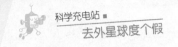

2 天文卫星的贡献

空间探测活动是人类航天活动的组成部分。它为航天技术的发展探明空间的环境条件，为各类运载火箭、导弹、应用卫星、载人与载货飞船、航天飞机、探测器、空间站等的研制提供保证。同时，空间探测必须以航天技术的发展为基础，也是航天技术应用的必然结果。空间探测与航天技术是相依相伴、相辅相成的。

说起空间天文学的发展，就不能不提及天文卫星的功绩。天文卫星是对宇宙天体和其他空间物质进行科学观测的人造地球卫星。传统的天文观测都是在地面上由天文台利用各种天文仪器进行的。由于天体发出的绝大部分电磁辐射被地球的大气遮挡了，只有一小部分能够到达地面，所以在地面用光学天文望远镜或者射电天文望远镜所能观测的宇宙只是很小、很不完整的一部分，不能完整地了解宇宙的真面貌。

人造地球卫星的问世使天文观测发生了革命性飞跃，因为它是在几百至几千千米高度的地球大气层外飞行，在那里没有大气的遮挡，可在全波段范围内对宇宙空间进行观测。

天文卫星上装有各种不同的探测仪器，与其他卫星相比，它具有三大特点。

第一，指向精度高。由于天文卫星要在茫茫的宇宙空间中找到要观测的天体目标，而且观测仪器设备必须始终指向这个天体，因此这就要求天文卫星有极为精确的指向精度和姿态控制精度，所以，天文卫星一般用太阳或者恒星作为指向的基准。

第二，结构要求高。由于指向精度要求很高，因此对卫星结构的要求也很严格，必须保证卫星结构有很高的装配精度和良好的稳定性，尤其在受热的情况下变形要极小，这样才能保证指向精度。

第三，观测仪器复杂。天文卫星上装有高精度的观测仪器设备，如红外、紫外、X射线和可见光天文望远镜。它们不但结构复杂，制作困难，而且有的还需要在超低温的状态下才能可靠工作，要采取复杂的制冷措施。另外，天文卫星的观测数据量特别大，需要用卫星上的计算机进行数据处理和操作控制。

现已研制出各种天文卫星。按照观测的目标不同可以分为两大类：以观测太阳为主的太阳观测卫星和以探测太阳系以外的天体为主的非太阳探测天文卫星。世界上第一个天文卫星是美国1960年发射的"太阳辐射监测卫星1号"，它主要探测太阳的紫外辐射和X射线。

以天文卫星装载的科学仪器的主要观测波段来分类，天文卫星又可以分为红外天文卫星、紫外天文卫星、X射线天文卫星、γ射线天文卫星等。它们都有专门的用途，探测不同的射线特性。

目前世界上已经发射了许多用途各异的天文卫星。随着天文探测的不断发展，更加先进的天文卫星会越来越多。

△ 天文卫星

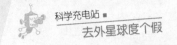
3 红外天文学

1800年，英国科学家赫歇尔重复了牛顿分解太阳光的实验，在各种不同颜色的色带位置上放置了温度计，试图测量各种颜色的光具有的温度，发现位于红光外侧的那支温度计升温最快。他因此得出一个结论：太阳光谱中，红光的外侧必定存在看不见的光线，具有热效应。

赫歇尔发现的这种看不见的光线就是红外线，它是太阳光线中众多不可见光线中的一种。整个红外波段，包括波长0.7~1 000微米的范围。通常分为两个区，即0.7~25微米的近红外区和25~1 000微米的远红外区；也有人分为三个区，为0.7~3微米的近红外区、3~30微米的中红外区和30~1 000微米的远红外区。所有高于绝对零度（–273℃）的物质都可以产生红外线。现代物理学称之为热射线。

红外天文学是用电磁波的红外波段研究天体的一门学科。它的研究对象十分广泛，包括太阳系天体、恒星、电力氢区、分子云、行星状星云、银核、星系、类星体，几乎各种天体都是红外源。温度4 000K以下的天体，其主要辐射在红外区。

太阳系的行星、卫星、彗星本身不发光，是靠反射太阳光而"变亮"的，它们在红外波段都有自己的辐射。在银心往外的2.5光年范围内，分布着大量的气体、尘埃，透过光学望远镜观测，是模糊不清的，但红外望远镜却能穿透尘埃，看银心结构并研究其演化。另外，有两类恒星是其他观测手段无法观测的，即刚刚诞生的恒星和濒临死亡的恒星，而红外观测在这方面却可大显身手。通过红外观测，还可以研究恒星是如何演化为红巨星、怎样流失物质而成为行星状星云的过程。

地面红外观测受到地球大气的限制，只有几个透明窗口可供使用。因此，到大气外观测，是红外天文学发展的主要途径。红外天文学的空间观测始于20世纪60年代后期，运载工具是高空气球、平流层飞机、火

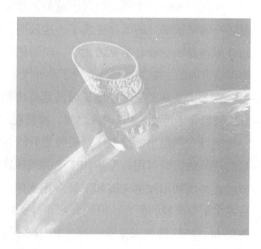

红外天文卫星 ▷

箭和卫星。第一个做红外探测的高空气球是1964年发放的，它测量了金星1.7~3.4微米的红外光谱。1983年1月25日，由美国、英国和荷兰三国联合研制并发射的第一个红外天文卫星进入轨道，它在10个月的有效工作时间内，发回的消息轰动了全世界，改变了天文学家对宇宙的认识。

观测天体红外辐射的望远镜叫"红外望远镜"，在外形和设计上与光学望远镜大同小异。红外望远镜通过光学系统将天体的红外辐射聚焦在红外探测器上，再经过电子学系统和中端设备得到红外辐射的各种信息。

红外天文学是一个年轻的研究领域，它填补了光学天文学和射电天文学之间的空白，成为全波段天文学中重要的一环。

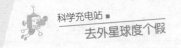

4 紫外天文学

紫外线是德国科学家里特发现的。1801年，里特用三棱镜将白光分解，并把一张蘸了少许氯化银溶液的纸片放在紫光的外侧，不久，他发现粘有氯化银部分的纸片变黑了，这说明太阳光经棱镜色散后，在紫光的外侧还存在一种看不见的光线。里特把这种光线命名为紫外线。他在物理学方面的主要贡献就是发现了紫外线。

紫外天文学是指通过电磁波的紫外线波段研究天体的一门学科。紫外线波段介于可见光和X射线之间，波长在0.1~0.4微米范围内。

地球大气层中的臭氧层是吸收紫外线的能手，对于波长为0.2~0.3微米的紫外线，尚可用高度达50千米的气球进行观测，如要观测整个紫外波段就必须利用探测火箭和卫星。在地球大气外虽可对太阳及其行星进行整个紫外波段的研究，但对太阳系外天体的研究还受到星际气体吸收的限制，所以紫外天文学的研究范围实际上只限于波长在0.091 2~0.3微米之间。

太阳的紫外辐射在总辐射中所占比例只有7%，但太阳紫外辐射对地球大气层和宇宙航行有重要影响，因此受到极大重视。紫外天文学研究的第一个天体就是太阳，并且最先取得观测成果。早在1920年，天文学家就用升高9千米的载人气球进行太阳紫外光谱照相，1930年又用能升高到臭氧层上的无人气球拍摄太阳0.09微米以下的紫外光谱，但均未成功。1946年，美国海军实验室发射了一枚高空火箭，升高到80千米，第一次获得波长0.22微米的太阳紫外光谱。20世纪50年代后，高空火箭探测记录到天空背景的紫外光谱。

最早的恒星紫外观测是从1964年"宇宙51号"空间观测开始的。1968年，美国发射"OAO2号"，在0.1~0.3微米波段巡天。近年来，天文学家还对一些恒星进行了远紫外观测。

　　紫外观测对于星际物质的研究有特殊意义。星际物质包括星际尘埃和星际气体两部分。星际尘埃对不同波长的星光有不同的消光作用，即产生所谓星际红化。已获得的紫外波段消光特点表明，星际尘埃中含有0.01微米的石墨尘粒，另外，星际气体中的一些元素的共振谱线在紫外区，因此紫外观测对于研究星际气体的成分和物态是必不可少的。

　　目前紫外天文学在研究对象上和研究课题上都是同传统的光学天文学密切配合的，实质上是波段范围向紫外的自然延伸。紫外天文学在方法和技术上与传统的天文光学也很相似。紫外天文学除了与空间天文学一样对火箭、卫星等技术有共同的要求外，还要求有较大的望远镜和望远镜终端设备。

△ 紫外天文卫星"星系演化探测器"

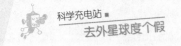
5 X射线天文学

X射线是德国著名物理学家伦琴于1895年发现的。它是一种特殊的物质，在电磁场中不像带电粒子那样受到电磁力的作用，也不像可见光那样经过透镜发生偏离。它具有极强的穿透性。伦琴的这一发现极大地震撼了当时停滞不前的物理学界，揭开了现代物理学革命的序幕。如今X射线已走出物理学领域，成为现代天文学的一个重要研究波段。

X射线是指能量在100~100 000电子伏特范围的光子，与紫外线相比，X射线能穿越长得多的距离，可以在此波段上观测到遥远的恒星和星系。另一方面，与能量高于它的γ射线相比，X射线的流量较大，接收较为容易。

射线天文学是以天体的X射线辐射为主要研究手段的天文学分支。由于X射线属于电磁波谱的高能端，因此X射线天文学与γ射线天文学同称为高能天体物理学。宇宙中辐射X射线的天体，包括X射线双星、脉冲星、γ射线暴、超新星遗迹、活动星系核、太阳活动区，以及星系团周围的高温气体等等。

由于地球大气层对于X射线是不透明的，只能在高空或者大气层以外观测天体的X射线辐射，所以空间天文卫星是X射线天文学的主要工具。也正因此，虽然 X射线的探测始于20世纪40年代，但是成为一门学科，则是人造地球卫星上天以后的事。

在X射线天文学中，最早研究并获得进展的是太阳X射线天文学。太阳X射线主要是从日冕发出的。1948年8月6日，布奈特等人进行的太阳X射线观测取得成功。后来的实验证实，太阳确实是一个很强的X射线源，比它处于宁静阶段时强1亿倍。人造地球卫星上天后，太阳的X射线研究有了长足发展。

非太阳X射线研究始于20世纪60年代。1962年6月12日子夜，美国麻省理工学院与美国科学工程协会的科学家把一枚装有3个X射线计数器的火箭发射到230千米的高空，准备探测月亮的荧光X射线辐射，却意外地发现了一个非太阳X射线源，它位于天蝎座内，后被命名为天蝎X–1，这是人类观测到的第一个宇宙X射线源。之后美国海军实验小组发现了金牛X–1射线源。这些发现揭开了天文学发展史上崭新的一页，宇宙X射线天文学诞生了。

X射线天文学从诞生时起，在短暂时间内，发现了一系列前所未知的新型天体，获得光学天文和射电天文无法得到的天体信息，大大地扩展了天文学的研究领域。X射线天文学所显示的独特威力，使得它在当代空间天文学中处于特别重要的地位。

△ 德国、美国、英国联合研制的X射线
天文卫星伦琴天文卫星

X射线天文学的一个突出成就，就是将折射光学原理应用于X射线天文，使大面积X光聚焦成像技术成为现实，制成了真正有研究价值的高分辨本领的X射线望远镜。它提供了把X射线的探测区域扩大到更遥远的宇宙深处的可能性。

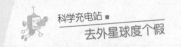

6 γ射线天文学

1900年，法国科学家维拉德在研究镭的放射性时，发现了一种穿透力很强的、能使乳胶感光的中性射线，这就是γ射线。它跟无线电波、红外线、紫外线及X射线一样，也是电磁辐射"家族"的一员，但它的辐射频率高，波长极短，因此是天文观测中最后一个被打开的电磁辐射窗口。

光子能量高于百万电子伏特的γ射线，位于电磁辐射能谱的最高端。γ射线天文学是在波长短于X射线的电磁辐射范围内研究天体的一门学科。探测γ谱线是了解高能天体上各种放射性元素组成的重要途径，对谱线宽度和红移的测量可提供天体运动、温度和引力场等物理条件的信息。γ射线谱线观测是γ射线天文学的一个重要部分。

与红外、紫外和X射线观测一样，γ射线的观测也受到地球大气的制约。和X射线相比，γ射线流量极低，而仪器背景辐射很高，这一点几乎排除了火箭探测的可能性，也给卫星观测带来了很大困难。这就是γ射线天文学的提出早于X射线天文学，但其发展却远远落后于X射线天文学的原因。

和其他可见光外探测一样，γ射线的探测工作首先是从太阳开始的。第一次探测是在1958年，但首次探测到太阳高能γ谱线则是在1972年8月4日和7日。当时发生了两次太阳强耀斑，耀斑加速的粒子同太阳大气物质的核相互作用产生了γ射线。

1958年，莫里森发表了一篇文章，指出除了太阳等天体是γ射线源外，还有其他的辐射源，他对这几个辐射源的位置、环境和γ射线流量做出了预测。很多人认为，γ射线天文学，实际上是缘于莫里森的这一预言。

1972年11月15日，美国发射的"小型天文卫星2号"载有一台名为"火花室"的γ射线天文望远镜，利用γ射线与物质作用产生的正负电子来测量γ射线的强度，取得了成功。γ射线天文学正式成为天文学的一支，就是从这颗卫星开始的。

γ射线天文学研究对象中，最引人注目的现象是宇宙γ射线爆发，即发生在太阳系以外的爆发。这种爆发的特征之一是辐射变化剧烈而迅猛，上升时间很短。最早发现γ爆发的是监测核爆炸的"维拉"卫星，1967年就已探测到了，但肯定γ射线爆发为宇宙现象并公布于世，则是在1973年6月。目前解释γ爆发的理论模型已不下几十种，但无论哪一种模型，都与观测事实有许多矛盾之处。

1962年，月球轨道卫星"徘徊者"3号和5号发现了宇宙γ射线背景辐射，后来发射的"轨道太阳观测台3号"、"阿波罗15号"和"SAS-2"等卫星，都探测到了这种辐射。证实各向同性的γ射线辐射的存在对宇宙学的研究有很重要的意义，但真正研究γ射线背景辐射却非常困难。γ射线背景辐射的本质，到今天仍是一个谜。

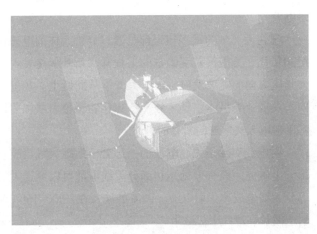

△ "雨燕"卫星全称为"γ暴快速反应探测器"，是美国宇航局2004年发射的一颗专门用于观测γ射线暴的天文卫星

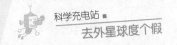
7 射电天文学

　　物质都是由正负电子构成的，由于正负电子的运动，所有物体都会向外发出电磁波，波长依能量而定。宇宙中有各种波长的电磁波。波长可用微米来量度，1微米=1/1 000 000米。辐射的特性不仅可以用波长来表示，也可以用频率来表示。频率就是每秒钟产生的辐射的波数。每秒钟1 000个波叫作1千周；每秒钟1 000 000个波叫作1兆周。 微波的范围从300 000兆周到1 000兆周。

　　1860年，苏格兰物理学家麦克斯韦预言，整个辐射家族都与电磁辐射有联系，而一般可见光只是这个家族中的一小部分而已。25年后这一预言得到了证实。1887年，德国物理学家赫兹从感应线圈的火花中制造振荡电流，结果产生出波长极长的辐射，这些辐射后来称作无线电波或射电波。

　　现代天文学的很多知识都是通过分析天体的电磁辐射得到的。20世纪30年代，美国贝尔实验室的工程师央斯基偶然发现了来自银河系中心人马座方向的电波发射，射电天文学从此诞生。20世纪60年代的天文学四大发现：类星体、星际分子、3K宇宙微波背景辐射以及脉冲星，都奠基于射电天文学这门新兴的科学。

　　射电波实际是无线电波的一部分。地球大气层吸收了来自宇宙的大部分电磁波，只有可见光和部分无线电波可以穿透大气层。天文学把这部分无线电波称为射电波。微波的波长在1 000~160 000微米之间，长波射电波长高达几十亿微米。

　　射电天文学是通过观测天体的无线电波来研究天文现象的一门学科。绝大部分的射电天文研究都是在1毫米到30米左右的这个波段内进行的。射电天文学以无线电接收技术为观测手段，观测的对象遍及所有天体：从近处的太阳系天体到银河系中的各种对象，直到极其遥远的银河系以外的目标。

应用射电天文手段观测到的天体，往往与天文世界中能量的迸发有关，其发现对于研究星系的演化具有重大意义。光谱学在现代天文中的决定性作用，促使人们寻求无线电波段的天文谱线。20世纪50年代初期，根据理论计算，测到了银河系空间中性氢的21厘米谱线。后来，利用这条谱线进行探测，大大增加了人们对于银河系结构和一些河外星系结构的了解。此后，星际羟基的微波谱线、氨、水和甲醛等星际分子射电谱线相继被发现。到20世纪70年代末，利用射电天文手段发现的星际分子迅速增加到五十多种。研究这些星际分子，对于探索宇宙空间条件下的化学反应有深刻影响。

随着观测手段的不断革新，射电天文学在天文领域的各个层次中都做出了重要的贡献。在每个层次中发现的天体射电现象，不仅是光学天文的补充，而且常常越出原来的想象，开辟新的研究领域。

射电望远镜 ▷

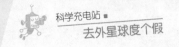

8 找呀找呀找朋友

我们人类是不是这个宇宙中仅有的智慧生命呢？这是很多人都很关心的一个问题。

20世纪60年代，美国天文学家法兰克·德雷克提出了著名的"绿岸公式"，用以推算可能与我们接触的银河系内外星球高智文明的数量。美国天文学家卡尔·萨根计算出，在银河系中，每100万个恒星里，就有一个高度发达的外星文明存在。

近几年，英国爱丁堡天文台的研究员邓肯·福根试图模拟多个不同的情景，展示我们生活的银河系。综合比较了各种情况后，福根得出结论，认为银河系可能存在300~40 000个高度发达的文明大本营。

△ 奥兹玛计划

早期搜寻地外文明的活动中，最著名的是"奥兹玛计划"。1960年，在美国西弗吉尼亚的绿堤的国家射电天文台，康乃尔大学的天文学家弗兰克·德雷克领导天文小组，使用26米直径的射电望远镜，开始通过无线电波搜寻邻近太阳系的生物标志信号。这是人类文明史上第一次有目的、有组织地在宇宙空间寻找"外星人"。后来科幻作家冈恩以德雷克为原型，创作了广受好评的科幻小说《倾听者》。

射电望远镜是观测和研究来自天体的射电波的基本设备，可以测量天体射电的强度、频谱及偏振等量。天线把微弱的宇宙无线电信号收集起来，传送到接收机中；接收系统将信号放大，从噪音中分离出有用的信号，并传给后端的计算机记录下来；天文学家分析这些曲线，就能得到天体送来的各种宇宙信息。在"奥兹玛计划"中，德雷克选择了21厘米的波长来接收外界信号。科学家们认为，宇宙中最多的元素是氢，因此任何智慧生物都会对氢进行透彻的研究。21厘米波长是氢原子发出的微波的波长，它可能是被宇宙间一切智慧生物最早认识和运用的。

在所有的探索地外生命与文明计划中，"凤凰计划"是最全面、最精细的。从事这项计划的天文学家们先从太阳系周围200光年的范围内选择出约1 000个邻近的类日恒星，再针对这些恒星一一进行监听探测。目前"凤凰计划"使用的是设置在波多黎各的直径305米的阿雷西博射电望远镜，这可能是世界上最大的单个射电望远镜，具有极强的探测能力。

在搜索来自宇宙的非天然讯息的同时，天文学家们也开始向太空发射特定的信号，以特设的语言，用选定的波长，向精选的天区送去人类存在的信息和友善的问候。然而，地外文明的探索努力已进行了许多年，却尚未获得任何称得上"积极"的成果。据天文学家们分析，找不到外星文明的原因可能有很多，而且宇宙茫茫，不能期望在一朝一夕取得成功。

△ 监听外星文明的"Low Frequency Demonstrator"

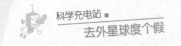
八 太空探测器

1

"旅行者1号"

　　"旅行者1号"最初计划属于"水手"计划里的"水手11号"太空船，在1977年9月5日于美国佛罗里达州的卡纳维尔角，被搭载在一枚"泰坦3号E"半人马座火箭上发射升空。刚好于"旅行者2号"在同年8月20日的发射之后不久。虽然发射时间较"旅行者2号"为后，但它却被发射进较快的轨道之中，让它比"旅行者2号"早一点到达了木星及土星，因此称其为"旅行者1号"。最初，因为在"泰坦3号E"火箭燃烧过程的第二阶段里出现了约1秒钟的燃烧不足，地面工作人员曾担心太空船会因此而不能到达木星。后来幸好证实了在半人马座的上层仍有足够的燃料。

　　"旅行者1号"发射后，首次在1979年1月开始对木星进行拍摄。在同年的3月5日离木星最接近，只距离木星中心349 000千米。由于在如此近距离略过，太空船在48小时的近距离飞行时间中，得以对木星的卫星、环、磁场以及辐射环境做深入了解及高解像度拍摄。整个拍摄过程最终于4月完成。"旅行者1号"和它的姊妹船"旅行者2号"对木

△ 旅行者1号

166

星及其卫星有不少重要发现，最令人惊讶的是在木卫一上发现了火山活动。这是当时并没有在地球上观察到的，就连"先驱者10号"及"先驱者11号"也没有观察到。

在离开土星后，"旅行者1号"被美国太空总署形容为进行星际探索任务。估计两艘旅行者太空船上的电池，均能够提供足够电力至2025年，供船上一部分仪器使用。

由于"旅行者1号"正向星际间的太空进发，船上的仪器将会继续对太阳系进行研究。喷气推进实验室的科学家们使用了载于船上的等离子体波实验验证了日球层顶的存在。

在2006年3月31日，来自德国的业余无线电卫星通信组织追踪并接收到来自"旅行者1号"的数据，2012年6月17日，位于美国加利福尼亚州的美国航天局喷气推进实验室发布声明称，1977年发射的"旅行者1号"探测器发回的数据显示，它已抵达太阳系边缘。这个在太空中孤独旅行35年的探测器将有望成为首个脱离太阳系的人造物体。如果除去消息传播的时间，那么"旅行者1号"到达太阳系边缘的时间为2012年5月。

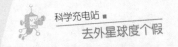

2
"旅行者2号"

　　"旅行者2号"最初计划属于水手计划里的"水手12号"太空船。它在1977年8月20日于美国佛罗里达州的卡纳维尔角，被搭载在一枚"泰坦3号E"半人马座火箭上发射升空。

　　"旅行者2号"在1979年7月9日最接近木星，在距离木星云顶570 000千米处掠过。这次拜访多发现了几个环绕木星的环，并拍摄了一些木卫一的照片。太空船考察了木星大气层上著名的大红斑，发现是一个以逆时针方向转动的复杂风暴系统，同时亦发现了一些细小的风暴和旋涡。在木卫一上存在活火山是一项令科学家们震惊的发现。这是科学家们首次在太阳系的其他星体里发现了仍然活跃的火山活动。

　　"旅行者2号"在1981年8月25日最接近土星。它以雷达对土星的大气层上部进行探测，并量度了气温及密度等资料。掠过土星后，船上的拍摄平台有点卡住了，地面的工作人员最终查清造成这一故障的原因是由于过度使用而令润滑油暂时耗尽，并及时解决了这一问题，太空船得以继续前进。

　　"旅行者2号"在1986年1月24日最接近天王星，旋即发现了10个之前未知的天然卫星。太空船探测了天王星的大气层，此大气层由于其自转轴倾斜97.77°的缘故而十分独特。太空船还观察了天王星的行星环系统。在这首次的掠过之中，最接近天王星时只距离天王星的云层顶部81 500千米。

　　"旅行者2号"在1989年8月25日最接近海王星。由于这是"旅行者2号"最后一颗能够造访的行星，所以科学家们决定将它的航道调校至靠近海卫一。太空船发现了海王星的大暗斑，这个斑现在被认为是云层上的一个空洞，在1994年"哈勃"空间望远镜再次观测时消失了。"旅行者2号"还飞向海卫一进行了考察，发现海卫一的确是太阳系中唯一一颗沿行星自转方向逆行的大卫星，也是太阳系中最冷的天体。其表面到处都有断层、高山、峡谷和冰川，部分地区被水冰和雪覆盖；其上有3座冰火山，曾喷出过冰冻的甲烷或氮冰微粒。海卫一有一层由氮气组成的稀薄大气。

"旅行者2号"的探访太阳系行星任务已经完成，并继续向深太空飞去。2010年4月底至5月初，"旅行者2号"运行至太阳系的边缘。4月22日，它向地球发送出一些非常奇怪的信号，经过13小时后，信号被美国国家航空航天局的深空天线成功接收。但遗憾的是，美国宇航局的科学家至今无法破解它。德国著名的UFO专家豪斯多夫据此大胆断言，"旅行者2号"很可能已经被外星人劫持，其程序已被重新编写，因此我们无法破译。美国宇航局没有对豪斯多夫的看法做出回应，而科学家及工程师的看法是，飞船上的存储系统可能出了小故障，工作人员正积极修补。

△ 飞越各大行星的"旅行者号"

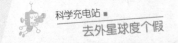
3 "哈勃"太空望远镜

　　"哈勃"太空望远镜缩写为HST，是以美国著名天文学家埃德温·哈勃的名字命名的。它处于地球轨道上，地面控制中心设在美国马里兰州的霍普金斯大学内。"哈勃"太空望远镜从地面控制中心接收指令，并将各种观测数据通过无线电传输回地球。由于它位于地球大气层之上，因此获得了地基望远镜所没有的好处——影像不受大气湍流的扰动、视相度绝佳、且无大气散射造成的背景光，还能观测会被臭氧层吸收的紫外线。于1990年发射之后，"哈勃"太空望远镜已经成为天文史上最重要的仪器。它成功弥补了地面观测的不足，帮助天文学家解决了许多天文学上的基本问题，使得人类对天文物理有了更多的认识。

　　"哈勃"太空望远镜是被送入轨道的口径最大的望远镜。它全长12.8米，镜筒直径4.27米，重11吨，由三大部分组成，第一部分是光学部分，第二部分是科学仪器，第三部分是辅助系统，包括两个长11.8米、宽2.3米，能提供2.4千瓦功率的太阳电池帆板，两个与地面通信用的抛物面天线。镜筒的前部是光学部分，后部是一个环形舱，在这个舱里面，望

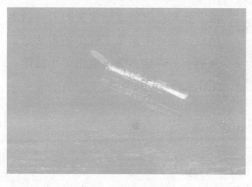

△ "哈勃"太空望远镜

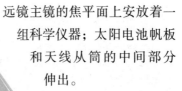

远镜主镜的焦平面上安放着一组科学仪器；太阳电池帆板和天线从筒的中间部分伸出。

太空望远镜在距地面500千米的太空上进行观测，不仅不受恶劣气候的影响，每天都可以进行观测，而且摆脱了地球大气的干扰，能够达到地面上任何望远镜都达不到的高灵敏度和高分辨能力。但不幸的是，由于制造上的误差，"哈勃"太空望远镜不能辨别140亿光年以外的物体，而只能看清40亿光年的物体。另外，它的太阳能电池板因热胀冷缩还存在颤抖。为此，美国的数名宇航员于1993年进行了两次检修，经过艰苦的努力，终于修复了患了"近视"的"哈勃"太空望远镜，使其分辨率达到最初要求。

自从1990年4月24日升空起，"哈勃"望远镜一次又一次起死回生，用清晰的图片向世界展现太空惊心动魄的美丽。迄今为止，它已经绕地球11万圈，拍下超过100万张图片和光谱。"哈勃"已经数次重写了天文学课本。最富戏剧性的大概是，科学家们借用"哈勃"对恒星爆炸的研究为宇宙爆炸的加速度理论提供了证据，并启迪了科学家们对于暗能量的设想。而"哈勃"所摄照片之美丽，也足以跻身其最了不起的成就之一。这些照片不论被挂在博物馆里还是被用于图书封面和电影中，都总是一样摄人心魄。"哈勃"望远镜的在线画廊拥有大约每月2亿的点击量。在这些经由"哈勃"寄回的宇宙明信片中，有彗星碎片留在木星上的撞击痕迹，有被高温气体围抱的老年恒星，有螺旋状星系修长的环臂，有新生恒星映照之下璀璨的星云。

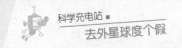
4
揭开美神的面纱

　　人类对太阳系行星的空间探测首先是从金星开始的，苏联和美国从20世纪60年代起，就对揭开金星的秘密倾注了极大的热情和探测竞争。迄今为止，发往金星或路过金星的探测器已超过40个，获得了大量有关金星的科学资料。

　　苏联于1961年1月24日发射"巨人号"金星探测器，在空间启动时因运载火箭故障而坠毁。1961年2月12日试验发射的"金星1号"在距金星9.6万千米处飞过，进入绕太阳轨道后失去联络。1965年11月12日和15日发射的"金星2号"和"金星3号"均告失败。

　　1967年1月12日，"金星4号"探测器发射成功，同年10月抵达金星，向金星释放了一个登陆舱，测量了大气温度、压力和化学组成。1969年发射的"金星5号"和"金星6号"，再次闯入金星大气探测，探

　△　苏联第一枚金星探测器纪念邮票，左上角为设计者
　　谢尔盖·科罗廖夫

测器最后降落在金星表面，由于硬着陆仪器设备损坏，无法探测金星表面的情况。1970年8月17日，"金星7号"探测器首次实现了金星表面的软着陆，并测得金星表面大气压强至少为地球的90倍，温度高达470℃。1972年到达金星表面的"金星8号"化验了金星土壤，还对金星表面的太阳光强度和金星云层进行了电视摄像转播。

1975年至1984年是金星探测的高潮期。1975年6月8日和14日先后发射的"金星9号"和"金星10号"，于同年10月22日和25日分别进入不同的金星轨道，并成为环绕金星的第一对人造金星卫星。两者探测了金星大气结构和特性，首次发回了电视摄像机拍摄的金星全景表面图像。1978年9月9日和9月14日，苏联又发射了"金星11号"和"金星12号"，两者均在金星成功实现软着陆，分别工作了110分钟。"金星12号"在向金星下降的过程中，探测到金星上空闪电频繁。

1981年10月30日和11月4日先后上天的"金星13号"和"金星14号"，其着陆舱携带的自动钻探装置深入到金星地表，采集了岩石标本，并研究了金星的地质结构和大气情况。

1983年6月2日和6月7日，"金星15号"和"金星16号"相继发射成功，二者分别于10月10日和14日到达金星附近，成为其人造卫星，每24小时环绕金星一周，探测了金星表面及大气层的情况，并成功绘制了北纬30度以北约25%金星表面地形图。

△ "金星15号"探测器

1984年12月，苏联发射了"金星—哈雷"探测器，1985年6月9日和13日与金星相会，向金星释放了浮升探测器——充氦气球和登陆舱，登陆设备还钻探和分析了金星土壤。"金星—哈雷"探测器在完成任务后，利用金星引力变轨，飞向哈雷彗星。

综观苏联金星探测的特点，主要是投放降落装置考察，以特殊的工艺战胜金星上的高温高压，取得了金星表面宝贵的第一手资料。

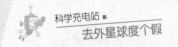
5 勘察金星系列行动

20世纪60年代初，美国宇航局根据肯尼迪总统提出的登月计划，全力开展探月活动。苏联航天技术的辉煌成就，极大地刺激了美国人，美国当局立即决定分兵两路，在实施登月的同时，拿出一部分力量来探测金星。

1961年7月22日，美国发射了"水手1号"金星探测器，升空不久因偏离航向，只好自行引爆。1962年8月27日发射"水手2号"金星探测器，飞行2.8亿千米后，于同年12月14日从距离金星3 500千米处飞过时，首次测量了金星大气温度，拍摄了金星全景照片，但由于设计上的缺陷，在探测过程中，光学跟踪仪、太阳能电池板、蓄电池组和遥控系统都先后出了故障，未能圆满执行计划。1967年6月14日发射"水手5号"金星探测器，同年10月19日从距离金星3 970千米处通过，做了大气测量。1973年11月3日发射"水手10号"双星探测器，1974年2月5日路过金星，从距离金星5 760千米处通过，对金星及其大气做了电视摄影，发回上千张金星照片。

△ 金星探测器"水手5号"

从1978年起，美国把行星探测活动的重点转移到金星。1978年5月20日和8月8日，分别发射了"先驱者—金星1号"和"先驱者—金星2号"，其中"先驱者—金星1号"在同年12月4日顺利到达金星轨道，并成为其人造卫星，对金星大气进行了244天的观测，考察了金星的云层、大气和电离层，研究了金星表面的磁场，探测了金星大气和太阳风之间的相互作用；还使用船载雷达测绘了金星表面地形图。

"先驱者—金星2号"带着4个着陆舱一起进入金星大气层，其中一个着陆舱着陆后连续工作了67分钟，发回了一些图片和数据。

1989年5月4日，"亚特兰蒂斯号"航天飞机将"麦哲伦号"金星探测器带上太空，并于第二天把它送入通往金星的航程。"麦哲伦号"探测器经过15个月的航行，于1990年8月10日点燃反向制动火箭，进入围绕金星的轨道。"麦哲伦号"探测器运行中沿金星子午线绕一圈约需要189分钟，扫描宽度为20~25千米；从北极区域到南纬60度计划进行37分钟的观测，行程约1.5万千米。8月16日，"麦哲伦号"发回第一批金星照片。

△ "麦哲伦号"金星探测器

"麦哲伦号"拍摄了金星绝大部分地区的雷达图像，它的许多图像与苏联"金星15号"和"金星16号"探测器所摄雷达照片经常可以重合拼接起来，使判读专家得以相互印证，从而使得人们对金星有进一步的了解。"麦哲伦号"从1990年8月10日至1994年12月12日一直围绕金星进行探测，最后在金星大气中焚毁。

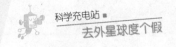

6
首辆火星漫游车

　　"勇气号"火星探测器是美国国家航空航天局火星探测漫游者计划的第一部火星漫游车。

　　"勇气号"长1.6米、宽2.3米、高1.5米，重174千克。它的"大脑"是一台每秒能执行约2 000万条指令的计算机，不过，与人类大脑位置不同，计算机在火星车身体内部。所谓"颈"和"头"是火星车上伸出的一个桅杆式结构，距火星车轮子底部高度约为1.4米，上面装有一对可拍摄火星表面彩色照片的全景照相机作为"眼睛"。两台相机高度与人眼高度差不多，有了它们，火星车能像站在火星表面的人一样环视四周。

　　当"勇气号"发现值得探测的目标，它会以6个轮子当腿，运动至目标面前，然后伸"手"进行考察。火星车的"手臂"具有与人肩、肘和腕关节类似的结构，能够灵活地伸展、弯曲和转动，上面带有多种工具，其中之一是显微镜成像仪，能像地质学家手中的放大镜一样，以几百微米的超近距离对火星岩石纹理进行审视。另外还有穆斯鲍尔分光计和阿尔法粒子X射线分光计，可以用来进一步分析岩石构成。此外，还有一个相当于地质学家常用的小锤子的工具，能在火星岩石上打出直径45毫米、深约5毫米的洞，为研究岩石内部提供方便。

　　"勇气号"依靠餐桌大小的太阳能电池板获得能量，在理想情况下每天最多可在火星上漫步20米，它的观测预计持续90个火星日，相当于地球上的92天。

　　2003年6月10日，美国宇航局喷气推进实验室的"勇气号"火星车被发射升空。2004年1月4日，"勇气号"终于在火星表面降落，开始漫长的火星之旅。它拍摄的照片超过了12.7万千张，并借助分光计、微观成像设备以及其他工具对火星岩石和土壤进行分析，还收集到了强有力的证据，表明火星上曾经有水流动。

因为太阳能电池板的蒙尘，"勇气号"的电力供应一直在持续下降，2005年3月12日和2009年2月6日两次大风吹散了尘埃，使电力得到恢复。

虽然"勇气号"最初的设计寿命只有3个月，但是它却工作了整整6年。2008年4月23日，"勇气号"深陷特洛伊沙地的沙土中，动弹不得。"勇气号"发回的照片显示，可能是在其下方的一块岩石卡住了其"腹部"。美国航天局喷气推进实验室启动了一项耗时数月的营救计划，但最终无功而返。2010年1月26日，美国宇航局宣布，放弃拯救行动，"勇气号"从此转为静止观测平台。随着火星严冬的临近，10个月后，"勇气号"的太阳能帆板已经无法吸收到足量的阳光供发电之用。2011年3月22日，美国宇航局最后一次联络上"勇气号"；2011年5月25日，美国宇航局在最后一次尝试联络后，结束了"勇气号"的任务。

△ "勇气号"火星探测器

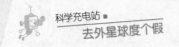
7 "机遇号"火星探测器

　　"机遇号"火星探测器是美国宇航局于2003年发射的两个火星探测器之一，是"勇气号"火星探测器的孪生兄弟。"机遇号"火星探测器于美国东部时间2003年7月7日23时18分由"德尔塔2"火箭从佛罗里达州卡纳维拉尔角发射升空。

　　"机遇号"是一个六轮太阳能动力车，高1.5米、宽2.3米、长1.6米，重180千克。六个轮子上有锯齿状的凸出纹路来适应地形，每个轮子都有自己的马达。最高车速是50厘米/秒。

　　"机遇号"与其孪生兄弟"勇气号"都载有纽约世贸大楼的金属残片，这些残片重新制成护盾来保护钻孔机械上的电缆。太阳能板阵列能够在每个火星日产生约140瓦的电力，让可充电式的锂离子电池储存电力，并在晚上使用将近4个小时。机遇号车体上的电脑使用了一个20MHz的RAD6000中央处理器、128MB的DRAM、3MB的EEPROM以及256MB的快闪存储器。它的车体作业温度介于-40~40°C，车上的放射性同位素热电机也提供了基本的温度控制，一个黄金薄膜和一层二氧化硅气凝胶进行隔热。"机遇号"和地球之间的通信以一架低增益天线以低传输速度进行沟通，也有一架高增益天线进行通信。低增益天线也用来向环绕火星的轨道器传输资料。

　　2004年1月，美国宇航局宣布，"机遇号"火星探测器于格林尼治时间1月25日5时05分成功在火星表面登陆。"机遇号"着陆的火星平原含有丰富的赤铁矿，在地球上赤铁矿通常地处有水和高温的地方。"机遇号"的六个轮子通过着陆舱的前缘斜面踏上火星表面，与"勇气号"探测器分别在火星的两面同时对这颗红色星球进行探测。位于美国宇航局喷气推进实验室的科学家收到了"机遇号"通过奥德赛火星轨道器转发

△ "机遇号"火星探测器

回来的照片，证实机遇号探测车已经安全踏上火星土壤。

　　"机遇号"刚着陆在火星表面的子午高原，就发现该着陆点的岩石形成于一个远古酸性湖泊。2005年1月，它发现了一颗来自太空的陨石，这是人类首次在外星体上发现陨石。

　　2006年9月，"机遇号"从着陆地点"鹰坑"旅行了9千米抵达了800米直径的维多利亚陨坑，2007年9月，它开始进入这个陨坑，这个陨星碰撞形成的陨坑深30米，是之前机遇号所勘测陨坑深度的6倍。更重要的是，维多利亚陨坑将见证子午高原整个生命历程，该陨坑覆盖着硫酸盐砂岩，这种岩石被认为形成于数十亿年前，当时的沙丘与水发生交互作用，之后接合加固形成固体岩石。

　　"机遇号"火星探测器取得了大量的探测成果，目前仍在工作中。

九　太空足迹

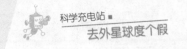

1 人类的一大步

　　阿波罗计划是美国国家航空航天局从1961年到1972年从事的一系列载人航天飞行任务，在20世纪60年代的十年中主要致力于完成载人登月和安全返回的目标。在1969年"阿波罗11号"宇宙飞船达成了这个目标，尼尔·阿姆斯特朗成为第一个踏上月球表面的人类。为了进一步执行在月球的科学探测，阿波罗计划一直延续到20世纪70年代早期。总共耗资约240亿美元，因此有人认为，资金是美国能领先一步登月的最大因素。

　　阿波罗计划是美国国家航空航天局执行的迄今为止最庞大的月球探测计划。在该计划中，"阿波罗"飞船的任务包括为载人登月飞行做准备和实现载人登月飞行，已于1972年底结束。

　　到2011年为止，还没有过其他的载人航天器离开过地球轨道。阿波罗计划详细地揭示了月球表面特性、物质化学成分、光学特性，并探测了月球重力、磁场、月震等。后来的天空实验室计划和美国、苏联联合的阿波罗—联盟测试计划也使用了原来为阿波罗建造的设备，也就经常被认为是阿波罗计划的一部分。

　　在阿波罗计划中，最为出名、也是最为激动人心的，当属"阿波罗11号"飞船的登月飞行。踏上月球的第一人尼尔·阿姆斯特朗的名言为世人永记："这是我个人的一小步，却是人类的一大步。"

　　1969年7月16日，"阿波罗11号"飞船由"土星5号"火箭运载升空，开始了人类首度征服月球的航程。第三级火箭熄火时将飞船送至环绕地球运行的低高度停泊轨道。第三级火箭第二次点火加速，将飞船送入地—月过渡轨道。飞船与第三级火箭分离，沿过渡轨道飞行2.5天后开始接近月球，由服务舱的主发动机减速，使飞船进入环月轨道。宇航员阿姆斯特朗和奥尔德林进入登月舱，驾驶登月舱与母船分离，下降至月面实现软着陆。另一名宇航员仍留在指挥舱内，继续沿环月轨道飞行。

登月宇航员在月面上展开太阳电池阵，安设月震仪和激光反射器，采集月球岩石和土壤样品22千克，然后驾驶登月舱的上升级返回环月轨道，与母船会合对接，随即抛弃登月舱，起动服务舱主发动机使飞船加速，进入地—月过渡轨道。在接近地球时飞船进入载人走廊，抛掉服务舱，使指挥舱的圆拱形底朝前，在强大的气动力作用下减速。进入低空时指挥舱弹出3个降落伞，进一步降低下降速度。"阿波罗11号"飞船指挥舱于7月24日在太平洋夏威夷西南海面降落。

从1969年11月至1972年12月，美国相继发射了"阿波罗"12、13、14、15、16、17号飞船，其中除"阿波罗13号"因服务舱液氧箱爆炸中止登月任务外，均登月成功。

奥尔德林迈出登月舱 ▷

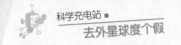

2 "阿波罗13号"

　　1970年4月11日，美国又一次动用了"土星5号"运载火箭，将"阿波罗13号"飞船送入太空，进行计划中的第3次登月飞行。这次飞行的航天员是洛威尔、海斯和斯威加特。

　　就在"阿波罗13号"飞行到55小时54分53.3秒时，飞船遥测数据丢失1.8秒，主母线电压下降，报警系统报警。几乎在此同时，服务舱中的2号贮氧箱发生爆炸，主电压继续下降。斯威加特当即向休斯敦飞控中心报告，海斯从登月舱的通道爬到指令舱，看到一些系统的电压已降到零，也立即做了报告。这些情况都用电视实况转播到了全美国、全世界，使成千上万的人目瞪口呆。无数的美国人为他们祈祷。

　　休斯敦飞控中心及时分析，认为是液氧贮箱爆炸起火，使得飞船上的氢氧燃料电池损坏。在这种情况下，登月已经不可能，而且航天员也处于极端危险之中。经过飞控中心科学家、工程师们艰苦细致的分析，休斯敦飞控中心果断地决定：中止登月飞行，利用完好的登月舱，立即返回地球。

　　当时飞船离地球已经38万千米，已经越过地球引力界面，飞船正在月球引力下往月球飞去。如果要返航，必须有足够大的火箭推力来克服月球吸引力。登月舱显然难以胜任。休斯敦飞控中心科学家们经过周密计算，并让地面航天员进入登月舱模拟，最后得出了一个最省燃料的返回轨道：飞船继续飞行，绕过月球，再启动登月舱发动机，以进入返回轨道。

　　由于氢氧燃料电池的贮氧箱还担负着飞船生命保障系统氧气和水的

供应，因此航天员面临着电能不足、供水供氧困难、环境温度下降的处境。但3名航天员在地面飞控中心的指挥下，战胜了恐惧、寒冷、黑暗、疲劳等困难，和地面飞控中心人员密切配合，积极稳妥地实施着地面制定的救生方案。

当飞船距离月球27.6千米时，航天员启动登月舱下降发动机，工作了30.7秒。飞船进入了环月轨道。4月15日上午9时41分，在飞船转过月球后，再启动登月舱发动机4.5分钟。飞船进入了返回地球的轨道。

4月17日，飞船进入了返回地球大气层的轨道。在进入大气层前，航天员启动4个姿态控制火箭，使登月舱推着服务舱向前加速飞行；随后点燃分离爆炸螺栓，将服务舱分离；又启动反推火箭，使登月舱离开服务舱一段距离。然后，登月舱的两名航天员回到指令舱，关闭两舱通道，点燃分离爆炸螺栓，将登月舱抛掉。三名航天员乘坐指令舱返回了地球，平安地降落到太平洋洋面上。

"阿波罗13号"飞船登月虽然失败了，但依靠人类的智慧和毅力，却奇迹般地将航天员营救回来。所以，航天界称这次飞行是"一次成功的失败"。

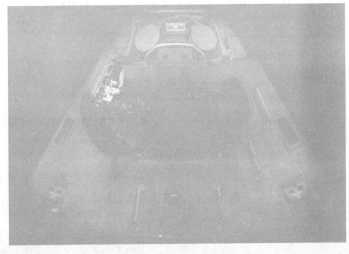

△ "阿波罗13号" 太空舱

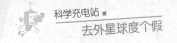

3
进入太空第一人

　　"东方1号"是苏联的太空计划，也是人类首次载人的太空飞行任务，"东方1号"宇宙飞船是由谢尔盖·科罗廖夫与克里姆·阿利耶维奇·克里莫夫设计的，于1961年4月12日发射升空。宇航员尤里·阿列克谢耶维奇加加林成为世界上第一个进入外太空的人。

　　1934年3月9日，加加林生于苏联的斯摩棱斯克州格扎茨克区的克卢希诺镇。1959年10月，苏联首位宇航员的选拔工作在全国展开。加加林从3 400多名35岁以下的空军飞行员中脱颖而出，成为20名入选者中的一员，并于1960年3月被送往莫斯科，开始在苏联宇航员训练中心接受培训。在训练中，加加林凭借其坚定的信念、优秀的体质、乐观主义精神和过人的机智成

△ 尤里·阿列克谢耶维奇·加加林

为苏联第一名宇航员。

1961年4月12日莫斯科时间上午9时07分，加加林乘坐"东方1号"宇宙飞船从拜克努尔发射场起航，在最大高度为301千米的轨道上绕地球一周，历时1小时48分钟，于上午10时55分安全返回，降落在萨拉托夫州斯梅洛夫卡村地区，完成了世界上首次载人宇宙飞行，实现了人类进入太空的愿望。他驾驶的"东方1号"飞船成为世界上第一个载人进入外层空间的航天器，就在他的108分钟的飞行过程中，加加林由上尉荣升为少校。

"东方1号"发射后的25分钟，地面的控制人员才确认太空船已进入稳定轨道。太空船的姿势控制由一个自动系统负责。医疗人员和太空船工程师并不确定失重对人体的影响，所以驾驶员的飞行控制已被锁定，这样加加林便不需要人手操控太空船（当紧急的时候，加加林仍然可以对系统进行解锁）。"东方1号"不能改变其飞行轨道，只能改变飞行姿态。在大部分的飞行时间内，太空船以准备随时返回地球飞行的姿势。在太空船发射后的1小时，自动系统将太空船对准，预备点火返回地球。点火返回程序在非洲西岸的上空进行，距离预计着陆点大约8 000千米。点火程序历时42秒，采用液化燃料。由于重量问题，太空船并没有后备点火引擎。倘若点火程序失败，太空船依然可以留在太空十天。回程的时候，在距离地面7千米的地方，"东方1号"将加加林弹射出来，太空船和加加林均有各自的降落伞。之所以要分开降落，原因是太空船的降落伞可能会给加加林带来危险。最后，加加林和"东方1号"均安全返回地面。

1968年3月27日，加加林和飞行教练员谢廖金在一次例行训练飞行中，因一架双座喷气式飞机坠毁而罹难。年仅34岁的加加林就这样离开了人世，以至于人们都不相信他真的牺牲了。

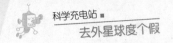
4 "水星"计划

　　"水星"计划是美国1958年开始实施的第一个载人航天计划。鉴于当时与苏联竞争的紧迫形势，该计划的基本指导思想是尽可能利用已经掌握的技术和成果，以最快的速度和简单可靠的方式抢先把人送上天。然而，当苏联于1961年4月12日把航天员加加林送上天并成功地完成轨道飞行时，"水星"计划尚处于无人试验阶段，直到1962年才进行首次载人轨道飞行。"水星"计划于1963年结束，共完成25次飞行试验，其中包括4次动物飞行、2次载人弹道飞行、4次载人轨道飞行，耗资约4亿美元。

　　为了争取美苏这场太空竞赛的第一，美国的工程师们付出了很多努力。可"水星"计划早期的实验并不顺利，还发生了多次事故。为了在太空竞赛中抢先一步，太空任务小组提议提前进行载人航天飞行，但火箭专家冯·布劳恩却坚持要按原计划进行。加加林实现太空飞行后，时间显得更加紧迫。令美国人可以稍许宽慰的是，5月5日，航天员阿兰·B·谢巴德乘坐"水星"飞船"自由7号"实现了一次亚轨道飞行，这次飞行被赫鲁晓夫戏称为"跳蚤的一跃"。

　　之后美国国家航空航天局又进行了几次亚轨道和轨道飞行试验，对轨道飞行进行了充分的验证。1962年2月20日，航天员约翰·H·格林乘坐"友谊7号"飞船终于实现了美国人的航天梦。此后，"水星号"又进行了3次太空飞行。

　　"水星"计划期间，美国太空总署的太空人班底是"原始七人组"，所以每一次飞行任务的命名尾数都是七。约翰·H·格林是"水星"计划中第三位飞上太空的人，他在1962年2月20日成为第一个乘太空船环绕地球的美国人。"水星"计划最后一次，也就是"信心7号"第六次出航，飞行时间已增加到34小时19分49秒，以便评估在轨道上失重近一天半的影响。

　　"水星"计划所要达到的目标与"东方号"计划基本相同。工程师们设计了一个圆锥形的飞船，总长约2.9米，底部直径约1.8米。飞船的顶端还有一枚逃逸火箭。底端的制动火箭为回收时提供脱离轨道的推力。进入大气层时，飞船底端的烧蚀材料用于防热。当太空舱落入较低的大气层时，太空舱顶端的降落伞打开，使航天员和太空舱安全地降落在海洋中。

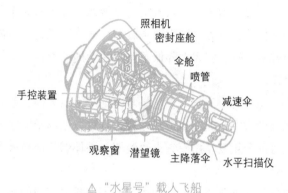

照相机
密封座舱
伞舱
喷管
手控装置
减速伞
观察窗　潜望镜　主降落伞　水平扫描仪

△ "水星号"载人飞船

　　"水星"计划虽然晚于苏联十个月才实现轨道飞行，但其技术上取得的成就却比"东方"计划更大，美国在整个"水星"计划中，将多种导弹改进作为运载火箭，从中获得了丰富的经验，这为后来的大型航天计划创造了必要条件。同时，"水星"计划在技术上虽然比较复杂，可整个开发过程比较科学，具有推广的潜力，并且发展了几项新技术，在大型航天计划的管理上也积累了许多经验。

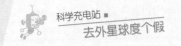

5
航天飞机

航天飞机又称为太空梭或太空穿梭机，是可重复使用的、往返于太空和地面之间的航天器，结合了飞机与航天器的性质。它既能代替运载火箭把人造卫星等航天器送入太空，也能像载人飞船那样在轨道上运行，还能像飞机那样在大气层中滑翔着陆。航天飞机为人类自由进出太空提供了很好的工具，它大大降低了航天活动的费用，是航天史上的一个重要里程碑。

航天飞机是一种垂直起飞、水平降落的载人航天器，它以火箭发动机为动力发射到太空，能在轨道上运行，且可以往返于地球表面和近地轨道之间，可部分重复使用。它由轨道器、固体燃料助推火箭和外储箱三大部分组成。

外部燃料箱是航天飞机三大块中唯一不能重复使用的部分，在燃料耗尽后，便坠入大洋中。火箭助推器为航天飞机垂直起飞和飞出大气层进入轨道，提供额外推力，到达一定高度后，与航天飞机分离，降落在大西洋上，可回收重复使用。轨道器是整个系统中唯一可以载人的、真正在地球轨道上飞行的部件，是整个系统的核心部分。它很像一架大型的三角翼飞机。它所经历的飞行过程及其环境比现代飞机要恶劣得多，因此，它是整个航天飞机系统中，设计最困难、结构最复杂、遇到的问题最多的部分。

1981年至1993年底，美国一共有5架航天飞机进行了59次飞行，其中"哥伦比亚号"航天飞机15次，"挑战者号"10次，"发现号"17次，"亚特兰蒂斯号"12次，"奋进号"5次。每次载宇航员2至8名，飞行时间从2天到16天。在12年中，已有301人次参加航天飞机飞行，其中包括18名女宇航员。航天飞机的59次飞行中，在太空施放卫星五十多颗，载2座空间站到太空轨道，发射了3个宇宙探测器、1个空间望远镜和1个γ射线探测器，进行了卫星空间回收和空间修理，开展了一系列科学实验活动，取得了丰硕的探测实验成果。美国航天飞机创造了许多航天纪录。航天飞机首航指令长约翰·杨6次飞上太空，是当时世界上参加航天次数最多的宇航员。

航天飞机虽有诸多优点，但其安全性一直是个大问题。美国共制造了六架航天飞机，其中有两架失事，共造成14名宇航员死亡：1986年1月28日，"挑战者号"因助推火箭发生事故凌空爆炸，7名宇航员全部遇难；2003年2月1日，载有7名宇航员的"哥伦比亚号"完成太空任务后，返回地球，在着陆前发生意外，航天飞机解体坠毁。

2010年初，美国宇航局正式决定将日渐老化的航天飞机全部退役。2011年7月21日，"亚特兰蒂斯号"航天飞机于美国东部时间21日晨5时57分在佛罗里达州肯尼迪航天中心安全着陆，结束其"谢幕之旅"，美国30年航天飞机时代宣告终结。

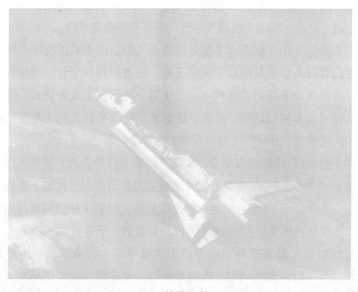

▲ 航天飞机

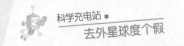

6
苏联/俄罗斯宇宙飞船

　　苏联/俄罗斯是载人航天活动的大国，其载人航天的运载工具是宇宙飞船。苏联/俄罗斯迄今为止已经发射过90多艘宇宙飞船，为人类的太空探索活动做出了重大贡献。

　　"东方号"是苏联第一代载人飞船。"东方号"是在20世纪60年代以前载有动物的飞船基础上发展起来的。1961年9月12日，苏联宇航员加加林乘坐的"东方1号"飞船发射成功，从而使他成为第一个进入太空的宇航员；四个月后，宇航员季托夫乘坐"东方2号"飞船飞行了48个小时；1962年8月11日、12日，"东方3号"、"东方4号"载人飞船进行了编队飞行。1963年6月14日、16日，"东方5号"、"东方6号"载人飞船进行了编队飞行；其中"东方6号"飞船宇航员为女性。苏联第一代飞船只有定向、导航、着陆、遥测等系统，没有姿态控制系统。

　　"上升号"是苏联第二个型号的载人飞船。由于美国决定在1965年初发射载有两名宇航员的双子星座飞船，该飞船具有交合、对接、机动飞行、舱外活动等能力。这使一心想争第一的苏联人大为恼火，于是不惜血本将"东方号"进行了改进，让本来只能乘坐两人的飞船硬塞进了三人，这就使"上升号"飞船带有极大的冒险色彩。

　　"上升1号"飞船没有交合、对接、机动飞行的能力，甚至连宇宙服都取消了。"上升2号"飞船有舱外活动能力，但在安全性能上仍然打了折扣。"上升2号"飞船返回地面时出了故障，两名宇航员只得改用手动操纵，飞船落在远离回收区800千米以外的森林，宇航员几乎毙命。

　　"联盟号"是苏联的第三个载人飞船型号，它分原型和改进型。"联盟11号"以前的为原型，改进型约有二十多艘。它们均是在为建立空间站做准备。

　　"联盟号"飞船由轨道舱、服务舱、返回舱三部分组成，总质量为六吨左右，全长七米多，呈圆筒型，直径约2.3米。轨道舱内部容积有5立方米，它是宇航员工作和休息的地方。服务舱分仪器舱和发动机舱，这两个舱在返回途中都会被抛掉。返回舱也叫座舱，两壁有舱窗，带有缓冲火箭和降落伞。

　　"联盟号"飞船的发展史充满了艰辛与灾难，数名宇航员死于非命。1967年4月，"联盟1号"载人飞船由于姿控发动机漏了燃料，飞船无法平衡；宇航员想尽了办法进行返降，但由于降落伞没有打开而使优秀宇航员科马洛夫摔死。1971年6月29日，"联盟11号"在返回时，由于返回舱与轨道舱连接处的密封出了问题，舱内空气泄漏，三名未穿宇宙服的宇航员因爆炸性减压而死亡。

"联盟号"飞船 ▷

　　"联盟号"飞船进行过国际合作飞行，曾有七个国家七名宇航员通过飞船进入过空间站。"联盟T号"飞船从1978年开始进行不载人飞行试验，它使用了新宇宙服、新的燃料推进剂。从1979年12月到1985年9月，"联盟T号"飞船共发射了16艘。"联盟TM号"飞船是T号的改进型，首发是在1986年5月，它具有交合、对接、降落伞等系统。

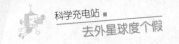
7
遨游太空的"神舟"

中国载人航天计划于1992年9月21日正式立项。该计划分为三个阶段：第一阶段目标是将航天员送入太空，第二阶段是建立短期的空间站，第三阶段是建立长期空间站。

中国载人航天计划的第一步是进入太空，而进入太空轨道的飞行器被命名为"神舟号"宇宙飞船，最多乘员三人，飞船由"长征2号F"火箭运载。迄今为止，"神舟号"飞船共进行过10次发射，其中包括5次载人飞行。

△ "神舟一号"飞船

"神舟一号"飞船是中华人民共和国载人航天计划中发射的第一艘实验飞船，于1999年11月20日在酒泉航天发射场发射升空，承担发射任务的是在"长征2号"捆绑式火箭的基础上改进研制的"长征2F"载人航天火箭。北京时间11月21日顺利返回，降落在内蒙古中部地区，飞船在太空中共飞行了21个小时。

此后，"神舟二号""神舟三号"和"神舟四号"飞船分别于2001年1月10日、2002年3月25日及2002年12月30日在酒泉发射升空，均顺利进入预定轨道，圆满地完成了预定计划后，准确地在着陆场成功着陆。这四次无人飞行，为"神舟五号"的成功积累了经验，奠定了基础。

2003年10月15日9时00分，"神舟五号"飞船在酒泉卫星发射中心顺利升空，将航天员杨利伟送入太空。这是中国首次发射的载人航天飞行器，飞行时间为21小时22分钟45秒。这次的成功发射标志着中国成为继苏联（现由俄罗斯承继）和美国之后，第三个有能力独自将人送上太空的国家。

继"神舟五号"的成功发射之后，2005年10月12日9时，由新型"长征2F"捆绑式火箭运载，"神舟六号"发射升空，费俊龙和聂海胜两名中国航天员被送入太空。3年后的9月25日，载有指令长翟志刚、宇航员刘伯明和景海鹏的"神舟七号"发射成功。9月27日，景海鹏留守返回舱，翟志刚出舱作业，刘伯明在轨道舱内协助，实现了中国历史上第一次的太空漫步，令中国成为第三个有能力把太空人送上太空并进行太空漫步的国家。

2011年11月1日，"神舟八号"飞船采用"长征2F"改进型遥八运载火箭发射，顺利完成与"天宫一号"目标飞行器对接的任务。

2012年6月16日，"神舟九号"飞船搭载两名男航天员景海鹏、刘旺以及一名女航天员刘洋升空，与"天宫一号"进行两次对接，其中一次为手动对接，由刘旺操作完成。

2013年6月11日，中国第五艘载人飞船"神舟十号"载三名航天员：聂海胜、张晓光、王亚平，与"天宫一号"实现对接。"神十"在轨飞行15天，并首次开展了中国航天员太空授课活动。

载人航天工程是我国航天史上迄今为止规模最大、系统组成最复杂、技术难度和安全可靠性要求最高的跨世纪国家重点工程。从"神一"到"神十"的成功，是中国走向辉煌的象征。

▲ "神舟号"飞船的总体布局

8 乘"神舟"，上"天宫"

　　"天宫一号"是中国第一个目标飞行器和空间实验室，于2011年9月29日21时16分3秒在酒泉卫星发射中心发射，当晚21时35分左右，入轨运行。它的发射标志着中国迈入中国航天"三步走"战略的第二步第二阶段。

　　"天宫一号"是目前中国在轨飞行的最大的航天器，是中国空间实验室的雏形。它由实验舱和资源舱构成，全长10.4米，最大直径3.35米，起飞质量约8.5吨，设计在轨寿命两年。

　　由于"天宫一号"是空间交会对接实验中的被动目标，所以也被称作"目标飞行器"。而之后发射的"神舟"系列飞船，也称作"追踪飞行器"，入轨后主动接近目标飞行器。与之前的载人航天器相比，"天宫一号"为航天员提供的可活动空间大大拓展，达15立方米，能够同时满足3名航天员工作和生活的需要。实验舱前端装有被动式对接结构，可与追踪飞行器进行对接。

　　"天宫一号"主要有四项任务：第一，"天宫一号"目标飞行器作为交会对接的目标，与"神舟八号"配合完成空间交会对接飞行实验。第二，保障航天员在轨短期驻留期间的生活和工作，保证航天

△"天宫一号"结构图

员安全。第三，开展空间应用（包括空间环境和空间物理探测等）、空间科学实验、航天医学实验和空间战技术实验。第四，初步建立短期载人、长期无人独立可靠运行的空间实验平台，为建造空间站积累经验。

2011年11月3日，"天宫一号"目标飞行器与"神舟八号"飞船完成首次交会对接。2011年11月14日，"天宫一号"目标飞行器与"神舟八号"飞船第一次分离，约半小时后，进行了第二次对接。中国由此成为世界上第三个自主掌握空间交会对接技术的国家。2011年11月16日，"神舟八号"飞船与"天宫一号"目标飞行器成功分离。

2012年6月18日14时14分，"天宫一号"与6月16日成功发射的"神舟九号"完成首次载人交会对接。17时8分，"天宫一号"舱门打开。中国航天员景海鹏、刘旺和刘洋相继进入"天宫一号"。2012年6月28日9时18分，"神舟九号"实施了与"天宫一号"的手控分离，分离由刘旺手动控制。

2013年6月13日，"天宫一号"与6月11日发射的"神舟十号"飞船进行了自动交会对接，聂海胜、张晓光、王亚平三名航天员进入"天宫一号"。14日，三位航天员为"天宫一号"进行了在轨维护，包括飞行器内装饰材料的更换。

在与"神舟十号"分离后，"天宫一号"再次转至长期运行轨道。"天宫一号"已处于设计寿命末期，由于其各方面状态良好，或将超期服役，继续在轨进行各项试验，但将不再迎接航天员入住。按照规划，"三步走"战略的第二阶段还将发射"天宫二号"、"天宫三号"实验室，并发射多艘"神舟"系列无人/载人飞船、货运飞船与其对接。

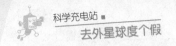
9 "和平号"空间站

"和平号"空间站是苏联建造的一个轨道空间站，苏联解体后归俄罗斯。它是人类第一个可长期居住的空间研究中心，同时也是首个第三代空间站，经过数年、由多个模块在轨道上组装而成。"和平号"空间站的轨道倾角为51.6度，轨道高度为300~400千米。自发射后除三次短期无人外，站上一直有航天员生活和工作。

"和平号"空间站全长32.9米，体积约400立方米，重约137吨，其中科研仪器重约11.5吨。它在高350~450千米的轨道上运转，约90分钟环绕地球一周。它的设计工作始于1976年，1986年2月20日发射升空。2001年3月23日坠入地球大气层，碎片落入南太平洋海域中。

"和平号"的设计工作始于1976年，核心舱于1986年2月20日发射升空。它为航天员提供基本的服务、居住、生活、电力和科学研究保障。"联盟TM"载人飞船为"和平号"接送航天员，"进步M"货运飞船则为"和平号"运货。"和平号"核心舱共有6个对接口，可同时与多个舱段对接。到1990年，苏联只为"和平号"核心舱增加了3个对接舱，1990年对接的晶体舱载有两个太阳电池翼、科学技术设备和一个特别的对接装置，可与美国航天飞机对接。俄罗斯自1995年起发射了3个舱，先后与"和平号"对接，自此，"和平号"在轨组装完毕。全部装成的"和平号"空间站全长87米，质量达175吨，有效容积470立方米。

作为美俄国际空间站合作计划的一部分，美国航天飞机与"和平号"空间站实施了交会和对接，在轨对接期间，进行了设备和航天员的交换。1995年2月6日，"发现号"航天飞机与"和平号"在太空交会，两航天器相距仅11.3米。同年6月29日，"和平号"空间站与"亚特兰蒂斯号"航天飞机在轨首次对接成功，美俄航天员在太空相逢，联合飞行

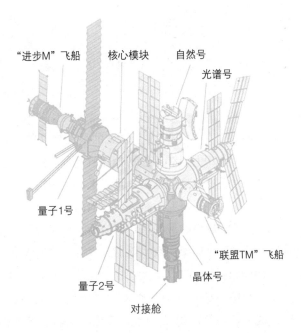

"进步M"飞船　核心模块　自然号　光谱号　量子1号　"联盟TM"飞船　量子2号　晶体号　对接舱

△ "和平号"空间站

了5天。美国女航天员露西德1996年3月22日在航天飞机第3次与"和平号"对接后进入空间站，到1996年9月26日才返回地面，在太空度过了188天，创造了妇女太空飞行新纪录。在这项合作中，航天飞机与"和平号"共进行了9次对接，为建造和运营国际空间站积累了经验。

　　"和平号"空间站原设计寿命5年，到1999年它已在轨工作了12年多，除俄罗斯的航天员外，还接待了其他国家和组织的航天员，他们在"和平号"空间站上取得了丰硕的研究成果。

　　"和平号"是载人空间站研制与运行的一个重要里程碑。人类在"和平号"计划中所掌握的太空舱建造、发射、对接技术，载人航天及太空行走技术，太空生命保障技术，航天医学、生物工程学、天体物理学、天文学知识以及商业航天开发经验，都正在或将在国际空间站计划及未来的太空城和月球、火星基地规划中发挥不可替代的作用。

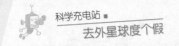

10
"国际空间站"

　　"国际空间站"是人类在太空领域的最大规模的科技合作项目，是美国航空航天局在20世纪80年代初期为抗衡苏联的"和平号"轨道空间站而提出来的，随着冷战的结束，世界上一些投资大、风险高而一个国家又无力承担的大科学研究项目逐渐走向国际合作。在这一背景下，继承了苏联航天科学成果的俄罗斯转而成为这个大的科学项目的重要伙伴。"国际空间站"由美国、俄罗斯、日本、欧洲航天局、加拿大等共同建造，计划耗资将超过630亿美元。

　　"国际空间站"计划的前身是美国国家航空航天局的"自由空间站"计划，这个计划是20世纪80年代美国战略防御计划的一个组成部分。老布什执政期间，星球大战计划被搁置，"自由空间站"也随之陷入停顿，1993年，时任美国总统的比尔·克林顿正式结束了"自由空间站"计划。在美国副总统戈尔的推动下，"自由空间站"重获新生，美国宇航局开始与俄罗斯联邦航天局接触，商谈合作建立空间站的构想。1998年1月29日，来自15个国家的代表在美国华盛顿签署了关于建设"国际空间站"的一系列协定和三个双边谅解备忘录。美国、俄罗斯、日本、加拿大以及欧洲航天局的11个成员国——比利时、丹麦、法国、德国、意大利、荷兰、挪威、西班牙、瑞典、瑞士和英国——的科研部长或大使在文件上签字。这些文件的签署标志着"国际空间站"计划正式启动。

　　1998年11月，国际空间站的第一个组件"曙光号"功能货舱进入预定轨道，同年12月，由美国制造的"团结号"节点舱升空并与"曙光号"连接。2000年7月，"星辰号"服务舱与空间站连接。2000年11月2日，首批宇航员登上"国际空间站"。

　　空间站的各个组件大多由美国宇航局的航天飞机进行运输，由于各个组件大多在地面就已经完成建设任务，宇航员在太空只需要进行很少的操作便可以将组件连接上空间站主体。到第二阶段为止，"国际空间站"的装配完成了一半，能够支持3名宇航员。到"国际空间站"完全完成之后，根据其设计，共可以提供7名宇航员同时工作和生活。

　　最终的国际空间站由6个实验舱：美国1个、欧洲航天局1个、日本1个、俄罗斯3个（提供科研机柜），1个带有洗手间、卧室、厨房和医务设备的居住舱，2个结点舱和服务系统及运输系统组成，它的总重量为430吨，主桁架长88米，4个太阳电池阵宽110米，能提供110千瓦的电源功率，其中用户使用功率为46千瓦。居住舱的容积为1 200立方米，有一个大气压。

　　"国际空间站"利用地面无法提供的空间零重力状态的有利条件，可以使科学家们长期进行一系列科学实验。"国际空间站"的建成，意味着一个共同探索和开发宇宙空间时代的到来。

△　国际空间站

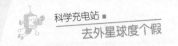

11
做个外星人

2010年，著名物理学家史蒂芬·霍金在接受美国著名知识分子视频共享网站访谈时，预言地球将在200年内毁灭，而人类要想继续存活，只有移民外星球一条路。

其实，移居外星一直是人类的梦想，很多科学家都曾强力主张向外星球移民。美国航空航天局局长格里芬曾表示，从理论上讲，一颗行星上的物种是不可能永久生存下去的。他说，平均每3 000万年，地球物种就会遭遇一次大规模毁灭。有一天我们一定要移民外星。

移民外星需要克服三大难关。

首先，必须找到一颗适宜我们人类居住的行星。这样的行星需要满足四个条件：（1）至少存在30亿年，这样才足以形成行星并产生生命；（2）中心恒星体积不能超过太阳的1.5倍；（3）应有足够多的铁元素，才能形成类地行星；（4）中心恒星应处于既非红巨星、也非白矮星的发展阶段，这样周围行星上的生命才有足够长的生存时间。

如何到达宜居的行星，是需要克服的第二个难关。按照航天飞机目前的速度，前往距地球4光年左右的星球需要大约15万年时间。人类要想移民外星必须造出和光速一样快的交通工具。

移民外星后，人类将面对第三道难关，即如何解决生命保障问题。目前，美俄等国已在"国际空间站"里培育了100多种农作物，果蝇、蜘蛛、鱼类等动物在失重状态下也可以生长、繁殖。如果这种技术能应用到宜居行星上，人类的生存问题就容易解决了。此外，移民外星后人类能否繁衍也是一个问题。

在三大难关里，找到适合居住的行星是最重要的一步。天文学家认为，恒星星系中最适宜生命存在的环境是一个"可居住区"，那里的星球表面温度不高不低，允许液态水的存在。在赫罗图上，较冷的F型星、全部G型星和较热的K型星，其周围很可能会存在类地行星。

　类地行星是指和地球相类似的行星，这样的行星距离恒星比较近，体积和质量都比较小，平均密度较大，表面温度较高，大小和地球差得不多，而且是由岩石构成的，内部有个以铁元素为主的金属核心。

　行星的公转轨道也是一个需要考虑的因素。如果它围绕恒星运转的轨道太扁，夏季会遭遇酷热，冬天会持续严寒，这样严酷的环境也是不适合生命存在的。

　截至2007年5月，天文学家已经在太阳系外发现了约220颗行星，其中有7颗结构类似于我们的地球。在这7颗类地行星中，有2颗非常寒冷，还有4颗由于距离其恒星太近而几乎没有存在生命的可能性。

　人类太空探索的目标不仅是科学探索，还要试图扩大人类的居住范围。美国宇航局正在计划再派航天员登月，并在月球建立可供人居住的太空站。近年来，科学家在火星上发现了7个姊妹洞穴，正在筹划将它们建成未来人类登陆火星的定居点。

△ 首颗宜居类地行星"开普勒-22b"想象图